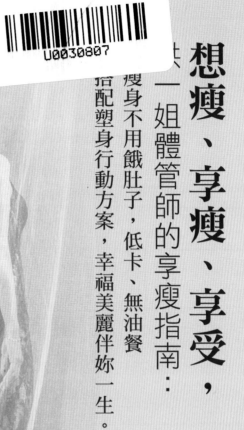

想瘦、享瘦、享受，

一姐體管師的享瘦指南：

瘦身不用餓肚子，低卡、無油餐

搭配塑身行動方案，幸福美麗伴妳一生。

作者◎洪姍淑

健康是一輩子的事，現在幸福未來也要幸福

健保署署長　李伯璋

一本好書如同一個好的觀念，可以帶給人們正向的影響，那樣的影響不只是一時一刻，而且可以終身受用無窮。

說起人生，我看見許多人在享受當下的同時，卻忘了要將格局放遠，要知道，雖然每個人的生命際遇發展不同，但有一件事卻是共通的，那就是每個人都會面臨生老病死的輪迴，從我行醫逾四十年的經驗中，看到許多老人有不同的樣貌，有人得整天去醫院報到，甚至就長期臥床，有人卻在八九十歲還能行住坐臥正常，其關鍵往往就在於青壯年時期的生活習慣。

身為健保署署長，透過台灣的醫療健保數據可以看到，每年醫療支出不斷攀升，例如民國 108 年醫療支出高達 6563 億元，特別是台灣已邁入高齡社會，以健保大數據分析，65 歲以上族群，門診人次從 98 年的 1050 萬件增加到 107 年的 1662 萬件，成長 58.2%，而不論是身體罹患重症，或者慢性病纏身，往往帶給當事人日日夜夜的痛苦，也帶給家人及身邊親友很大負擔。但如

果我們能夠從年輕時候就注意到身體保健，年老時就可以過著比較自在且愜意的生活。

回歸來看本書，觸及兩個剛好相反卻都和銀髮生涯相關的重點，我們看老年時身體狀況不佳，往前回溯其年輕時代的生活方式，一種是飲食不知節制，種下肥胖或體重過重的問題，另一種極端則是為了追求外表美麗，採取錯誤的減重方式，帶來重大後遺症，甚至還未步入老年，身體就狀況一堆。從作者洪姍淑小姐的書中，正好切中並兼顧到二者，既重視保養身體，強調不要讓體重過重，也重視正確的減重方法，她提出透過無油餐，以及適當的運動及睡眠習慣等，就可以讓每個人無負擔且有效地減重，這點是個人非常推崇的。

印度詩人泰戈爾說：「生如夏花之絢爛，死如秋葉之靜美」，人的一生如四季之遞嬗，我們都要好好地享受人生的每個過程，但切忌因過度放縱或錯誤的生活習慣，帶給往後各階段生涯負面的影響。真正的人生就是要好好品味當下，這個「當下」就是身體狀況良好，飲食、運動、生活作息皆自然健康的當下。

這是一本兼顧到現在以及未來的健康好書。感恩社會有這樣的好書上架，個人樂予推薦並與大家分享。

享食無油餐料理，享受健康美麗高品質人生

中山醫學大學附設醫院 副院長

中山醫學大學&國防醫學院 教授

廖文進 醫師

　　減重或控制體重可以說是大部分現代人每天夢寐以求，但又難以真正實現的生活目標。當我看過一姐這本書的稿件之後，頓時有種驚艷的感覺，這是一本很有溫度且實用的減重書。因為，本書教讀者如何利用食物的特性做無油餐料理。不但能滿足每個人對美食的基本需求，又能兼顧到維持身體健康，是非常適合現代人的家家必備的餐食指南。

　　因為減肥的需求，坊間出現各式各樣的減肥秘方、減重技巧等等，甚至包括採取比較極端的手術方式或其他可能帶給身體傷害的措施等。以我從事醫療專業的人員的角度看來，這些都是捨本逐末的錯誤方法。一姐這本書，教大家如何不以犧牲身體健康為代價，可以藉由食用無油餐料理，如何使個人既能長期瘦身，又能享受高品質人生的專業且實用的減重知識。一姐窮其畢生精力，將其醫療護理專業結合健康數據與食譜概念，並融

入她的人生觀，無私且認真的整理匯集成書，以分享給每位讀者，著實令我非常感動。此外，從一姐精神飽滿以及青春喜悅的容顏，完全說明她本身就是無油餐料理最具說服力的健康美麗的見證。

本書告訴我們，減重真的很簡單，同時也提供貼心的食譜建議，只要從三餐著手就可以帶來明顯的改變。例如，針對高油高熱量的食物，只需改變一下烹飪的方式，減重餐就可以好吃又無負擔。無油菜的多樣性符合一般家庭的餐食，可以滿足味蕾及視覺享受。將減重計畫融入日常生活中，一切都是自然無負擔的執行，享受大餐且享瘦毫無負擔。運用原子習慣，細微改變就會帶來巨大成就，每天進步一點點就好。在不知不覺當中慢慢的導正飲食習慣，並透過飲食習慣的建立，可以當瘦子，重獲健康的幸福人生。感恩有這本好書，可以帶給人們正確的餐食觀念與健康的人生。因此，本人非常樂於為之序。

親身見證減重的成就感，讓我達成多年願望

台北市立聯合醫院放射科 陳慰宗主任

　　長久以來一直為體重過重所困擾（BMI=27，屬於輕度肥胖，正常 18.5 ≦ BMI ＜ 24），雖然知道體重過重對健康不好，但一直不得其法，這幾年雖有嘗試轉換飲食，增加運動量，但都沒有明顯成效，反而體重有逐年上升趨勢。

　　約兩個月前在某次教會聚會中遇到姍淑老師，她提及自己是通過執照考試的體重控制師，可以幫助想減重的人達成目標，我隨即向她尋求協助，而姍淑老師亦十分熱心地答應了。

　　其實姍淑老師所要求的事很簡單，就是每天傳體重、餐點照片、每日飲水量給她，她再針對當天我的食材與作法作出建議，提出合適的進食順序，並協助訂定體重目標，我就是簡單的接受依據姍淑老師的指導進食，不需要多花精神研究應該吃甚麼，經過專家的指導，在兩個月內我的 BMI 由 27 減少為 24（體重減輕了6公斤），目前已接近標準範圍，十分有成就感，也非常感謝姍淑老師幫助我達成多年來的希望。

回顧這兩個月所以體重能下降，我感覺姍淑老師實行的方法有幾個成功之處：

1. 因為需要將每餐飲食「照相」傳給她，使我有機會省視每天所吃的東西，又因為需要讓老師看，故「違禁品」自然不敢放在食材內。

2. 經過老師對每餐食物的建議，使我逐步了解應如何選擇健康的食材與合適的做法，使每日食譜逐漸趨向健康。

3.即使餓了老師亦有建議食材，使每日不會有飢餓感，避免對減重產生困難與畏懼感。

4. 每週訂定合理目標，按部就班一點一點慢慢減下來。

欣聞姍淑老師即將出書，將她過去幫助許多人減重的心得與經驗，並配合醫學與營養學的學理，彙整在她的大作中，相信對於一直想要「想瘦、享受、享瘦」生活的人，絕對有莫大的幫助，非常值得推薦。

告別孀味！美夢成真

衛生福利部臺南醫院護理科主任　謝立韋博士

　　「瘦下來」是很多人一輩子的志願！從少吃、藥物、運動…等等，各種偏方都嘗試過，歷經千辛萬苦，但是成效常常很有限，即使好不容易瘦下來那麼一點，卻又很容易再復胖，感覺幾乎就是在執行一個不可能的任務，一直在減肥的惡夢中不斷循環。

　　我認識姍淑很多年，之前看過她體態「豐腴」很多年，即使她平常工作時會適度妝點自己，但是不管再怎麼裝扮，她身上總飄著絲絲「孀味」！說實話，胖就會看起來像大孀！因為胖不只穿衣服尺寸受限，樣式也幾乎沒甚麼可選擇。百貨公司專櫃的服飾只賣給適當體態的人，因為大尺寸是無法襯托出專櫃品味的。

　　這二年我看著姍淑一路苗條下去，不僅全身散發出窈窕的年輕氣息，臉上總是洋溢著容光煥發的自信，膚質也變好！她也三不五時也吃大餐、喝下午茶，但是她的體重始終維持在令人羨慕的數字。她煮的無油減重餐，不是沒滋沒味的水煮無聊餐，而是道道色香味俱全的家常料理。很開心姍淑把她的無油料理都集結成書和

大家分享。用這樣的吃法來減重，可以讓一般人就能簡單做得到，重點是輕鬆愉快無負擔的減重才能持續下去，而能否持續才是減重的關鍵！

我是護理師，我很清楚要減重真的需要好好的管理，尤其是從日常生活飲食開始。瘦了，而且要更健康，希望更多人跟著姍淑一起轉變，美夢成真！

找回健康自信，美麗是種人生觀

非凡尚水／文華尚水整形外科診所院長
整形外科專科醫師　蔡文平

　　與一姐相識於多年前的工作場合中，數十年來，不變的是親切笑容與幹勁十足的工作態度，但更多改變的是日益窈窕的身形與容光煥發的氣色，應該沒有人會覺得一姐是個快當阿嬤，有三個孩子的媽！

　　本身是專職於整形美容手術的外科醫師，追求美已經不只是種責任，更是一種人生觀！美的觀念與時俱進，而且與健康的關係越來越緊密。過去講求的是削瘦纖細，現在追求的是線條體態；以往求美者在意的是手術後多久可以回去上班，現今則是問什麼時候可以開始運動做瑜伽！建築在健康基礎上的美，更是相得益彰。

　　比如平常就有控制體重維持身形的客人，接受音波電波拉提治療的效果，往往都比較明顯且持久；又或是積極健身鍛鍊體態的客人，接受抽脂雕塑身形或脂肪填充手術的恢復期較短，且瘀青腫脹的程度也較為輕微！追求健康才更能擁有美。

　　一姐從體重管理的角度切入，推廣正確飲食與體重

控制觀念，引導讀者追求美好的體態與自信。雖然方式手段不同，但與我們這個行業一樣追求更好更美的自己！

一姐在這條推廣體重管理的路上，不推銷如坊間許多琳瑯滿目的健康食品，只推銷觀念與有效方法。強調飲食控制，不必採苦行僧式的節食或勉強自己吃無味難嚥的水煮料理，只要用對的觀念吃對的食物，能夠吃得開心，增強且維持控制體重的動力，有效減重進而擁有健康！

一姐的這本書，可提供給我們眾多求美者一個良好健康飲食觀念。一姐本身就是實踐書中理論最好的代言人，從飲食控制進而有效控制體重，搭配運動，成功地創造出窈窕健美身形，找回健康，讓人生充滿活力與自信！

幸福美滿，你可以享瘦又享受

前新北市聯合醫院院長

書田醫院主任醫師　沈希哲醫師

認識姍淑已經許多個年頭，在我眼中，她是真正的養生楷模，是個不只「坐而言」，也是「起而行」的減重美麗實踐家。她用她自己的優質體態以及朝氣活力作為最佳健康代言，讓人們看到，一個都已經當阿嬤的女子，竟然可以不靠醫美手術不靠吃藥進補，至今依然看起來像是個年輕小姐。更重要的是，要變成像她一樣保養有方，不必依賴「天生麗質」，如今，藉由姍淑的這本新書，讓人們知道，原來我們只要照著她的方法，同樣也可以做到既減重帶來健康，並且也不用犧牲原本的好品質生活。這本書真的是每位讀者的福音。

身為一個腸胃科專業醫師，特別是專攻肛門直腸領域的權威，幾十年來，我看到了太多的樂極生悲案例。甚麼叫樂極？當我們美食當前，加上好哥們都在場，於是把酒言歡，大魚大肉煎煮炒炸伴隨啤酒通通入口，一天不只三餐，吃飯也絕不只是八分飽，三不五時享受口腹之慾，樂極樂極，但往往結局也是悲極悲極。根據國

民健康署統計，大腸癌已經連續多年成為台灣人最常罹患的癌症。而就算不談攸關性命的重症，一般因為飲食帶來的各類病痛，也成為許多人日常的煩惱，包括血壓血糖問題、腸胃慢性病症問題等等，也包括外表形象，特別過了某個年紀，女的變成小「腹」婆，男的更是大肚男，當過多脂肪肥油撐爆拉鍊，再怎樣的名牌服飾也難以為形象加分，於是許多人越活越沒自信，搞得不只身體出狀況，連精神也出狀況，可以說，美食這關沒做好，人生就難以幸福美滿。

以這樣的角度來看，說姍淑這本書是「幸福美滿」書，絕對無誤。因為在這本書裡，告訴我們瘦身養生的重要，但卻又不需要餓肚子折磨自己，也絕不用這一生都得拒絕美食，只要依照姍淑書中所介紹具體且實用的建議，我們依然每天可以吃得好活得快樂，生活依然可以充滿享受，並且是享瘦後的享受，這境界真的美好。並且這件事是確定可以做到，也不難做到的。只要跟著姍淑學，跟著這本書分享的內容做就好，所以說這是本「幸福美滿」書。

當你們閱讀這篇序的時候，代表你們已經和姍淑這本書有了鏈結，準備朝享瘦享受之路走。預祝大家身體健康，生活美滿幸福。

相信你一定做得到。

我的斜槓人生

我有三個孩子，他們都已成年了，目前我也擁有一個新身分：外婆。處在坐四望五的年紀，我有著23腰小蠻腰，不說相信妳看不出來我是個快50歲、生過三個、是個已經當外婆的人。

減重造就我的另一件事，就是幫自己加上一個斜槓頭銜：體重管理師職位，覺得不僅自我價值提升了，人生也變多元了。

在減重過程中，需要長時間規劃與執行，將之融入日常生活之中，減重餐不僅要吃好也要好吃，吃飽不挨餓，在享瘦的同時可以享受美食。

如同在本書，我不藏私地分享無油餐料理，以及將減重餐變成色香味俱全家常菜、宴客菜。當身邊友人一個一個在一姐影響下，沒有特別控制餐食，只是按照吃的順序，第一次BMI<25，回復正常狀態真的很棒！

我有家族糖尿病病史，護理背景出身的我，知道慢性疾病是從飲食中攝取引發，誓言先從飲食改變開始，有些成果家人也加入行列，一陣子後不僅身體慢慢變健康，藥量減輕減量，檢查數據報告慢慢接近正常值，真

的開心。

　　一輩子，好短。真的需要好好的疼自己、愛自己、投資自己的世界，有了屬於自己的那束陽光，好好享受每個當下，才更加的耀眼。

　　人生往往會有好多的選擇，如何做好一個選擇？選擇那個對妳最好的吧！

　　水蛇腰人人都想要，個個沒把握。想成為誰自己決定，自己決定自己的樣子，想要健康的擁有好身材，完整飲食控制計畫，擁有健康飲食的人生。就請跟著一姐的減重計劃！

　　妳有沒有曾經迷惘的時候？

　　「如果妳不能接受現況，那就做出改變，改變不一定能更好，但如果不變，那永遠只能羨慕別人」

　　如果這是妳最後一次下定決心減重的機會，那麼請務必要把握，打造衣架子的體態，讓自己怎麼穿衣服都好看～

　　我做得到的，相信妳一定也可以，畢竟人生的發展是充滿未知的，如同我一直期許自己，在未來，或許還能生出更多的「斜槓」也說不定，跟各位一起加油！

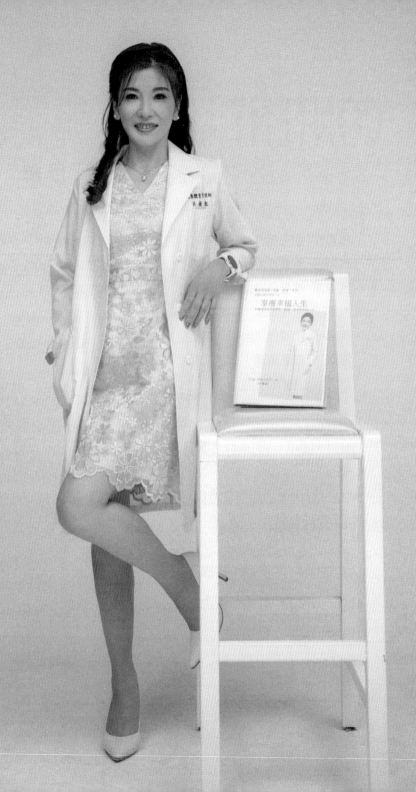

CONTENT

目錄

前言：體重管理師的溫馨建言

大家好，我是健康體重管理師洪姍潄，許多人都叫我一姐。

或許讀者會好奇想問什麼是健康體重管理師？其實減重攸關身體健康，且不同的人有不同的體質狀況，因此，減重當然需要專業。

在本書，一姐除了結合親身經歷的體重管理經驗，也結合多年來許多的實務案例。我要分享正確減重的概念及如何透過生活飲食衛教來維持體重，既能達到自己理想體態，且不須其他額外健康食品。

減重可依照每個人生活習慣的不同，配合個人的生活飲食習慣做健康飲食的調配，不僅能享受美食的生活，而且更能享受健康，享瘦新生活。

一姐認為，把減重計劃融入成為生活日常的一部分，以自身經驗把減重方法運用於體重管理，最有成效且更能了解體重管理的艱難與辛苦。

一邊享受美食樂趣，一邊偶爾也犒賞一下自己的努力，是可以允許的。享受「邪惡」食物的同時，也會教導讀者控制美食的份量。一姐會關注，如果減重

者連續一週偏離路線，就會立即糾正，這就是一對一體管師的職責。

我們應該省思作息和飲食上的問題，為了健康著想不該再隨心所欲，過度放縱合理自己慵懶的行為。難道妳要喝一輩子瘦身食品才能維持身材嗎？

一姐的飲食計畫，會針對每個人不同的生活習慣，彈性的做調配，有些人可以斷食有些人不能斷食，有些人食量大有些人食量小，有些人早睡有些人晚睡等等。

體重管理師就是您自信享瘦最好的生活管理配速員。

減重要融入生活中

很年輕時我已為人婦，整天為柴米油鹽醬醋茶奔忙打轉，懷孕生子後，體重就一路爬升到 54 公斤，回不去小蠻腰，只能為生活而生活。

之後歷經了婚姻背叛、感情生變，不是不想瘦，而是試了很多減重產品，例如:中西減重法、埋線、直銷產品……等等都成效不彰，最終只是徒勞無功、勞民傷財而已。

後來的減重際遇，感恩在朋友要我別氣餒的鼓勵下，立志減重找回自信，看到她們使用防彈咖啡的成

果，我想做最後一搏，也開始喝防彈咖啡，喝了幾盒後，三不五時像跟屁蟲般追著她們腳步也騎腳踏車，最終依然成效有限，只降了 2 公斤。

那之後不久，因為女婿家要來提親，心想穿禮服也要有好身材，沒有麻豆的高度，至少要有麻豆的曲線，彼時決心要成為最美麗的丈母娘。

痛定思痛，從那天開始，我更全面性的朝減重努力：防彈、無油餐低醣飲食、運動、買各類書籍來研究……，終於也找到一個真正可行的方法。

減重一定要挨餓？還是只有水煮菜？

減重既可以滿足口腹之慾又可減重這才是王道。

一姐後來發現，只要懂得自律，就算吃外食也還是可以瘦，例如一姐本身因為工作關係，一週也難免有兩三天要應酬，偶爾也要陪情人吃宵夜、大餐、下午茶、甜點……等等。我依然可以隨心所欲的吃，最後還是可以回歸理想體重，並且發現這一點也不難。

基本上就是落實「好食→美食→斷食」這樣的循環方式，每週檢視一次，就算肥胖體質也可變成易瘦的體質，在本書也會具體跟讀者分享該如何規律的執行。

一姐把減重融入生活中，讓痛苦的減重餐變成美味可口家常菜，食物不只色香味俱全，又符合減重減

脂肪的飲食概念，讓家中每個成員都能一起吃，實在很棒！

當然，減重是需要長時間規劃與執行，不能總想著短時間內就想獲得成功。當妳認真努力想做好一件事情，持續有恆，不疾不徐，像這樣一點一滴呈現妳自己時，就會感受到成長，最終獲致成功，也會是自然而然的事情。

一姐也要特別強調的：**減重不只要變瘦，而且還要瘦得健康、瘦得好看**，我們要減的是脂肪、不減肌肉，甚至要能增加肌肉。

一姐堅持要吃得好、吃得飽，也可以一邊喝下午茶，一邊一樣維持瘦的體態。作家小野曾在書中提到：妳有多自律、就有多自由。一姐的減重計畫，不僅降低體重，還可以降低體脂肪。而在體脂率已在比標準偏低的情況之下，我還可以再下降低 BMI 正常值，這是件很不容易的事，但我辦到了：減重不用挨餓、一點也不痛苦，可以吃得飽飽，只要調整一點的生活習慣，就能享瘦。

我成功了，9 個月內從 54 公斤減重到 45 公斤，回顧以前照片，對比現在的好身材，判若兩人！當有人跟我稱讚說：妳怎麼像人生回歸 20 年，又變成少女樣，變瘦了變漂亮了，聽起來心裡暗爽！

我能做得到相信妳也可以。

美國總統林肯有句話說：「一個人過了 40 歲，就應該為自己的外貌負責。」

以減重來說，從外在來看，無庸置疑會讓自己少了贅肉、身型變小、臉蛋變尖，整個人變漂亮了！

當妳擁有小蠻腰時，再也不需要「將就」穿衣服，而是讓衣服襯托妳的好身材。我從來都不差，但永遠要讓自己更好，當妳變得更美了，就再難接受自己變醜的樣子。**讓變美成為一種習慣的人，才最有可能突圍而出。心想事成，美成自己喜歡的樣子。**享瘦使我自信飛翔，我真的很喜歡「變瘦」這件事。

我想，減重這件事跟很多人生成功道理一樣，想要有一個好的結果，應該更關注進行這件事的過程中，妳是否全心投入？是否體會到快樂？如果妳有一個好的過程，熱情 enjoy 在其中，自然會到達一個好的結果。

▎一姐的減重體驗

減重需要恆心毅力，請千萬確認自己的決心，在妳準備好接受我提出的要求前，這是必要的條件，否則都是在浪費時間，浪費妳的時間也浪費我的時間。

如果妳想認真看待減重認真對待妳自己，那我可

以幫助妳。

一個人可以利用健康，來帶給自己與他人正面成長，這會讓自己變得更有自信更有力量，而且這種力量，會成為妳整個人的一部份，跟妳生活合為一體，讓妳整個生活更好更亮麗。

如何控制妳的飲食和生活習慣，就跟妳追求人生各個領域成功，背後的道理是一樣的，一旦下定決心，就要建立自律，掌控進入身體裡的所有物質，妳就能擁有那股自信力量。

在進入本書前，讓我先來分享自己的故事。

減重實績分享：2020意外的收獲

　　我的減重計劃如何開始？

　　回憶起一年前的今天參加同事兒子的婚禮，有位好兄弟跟我做核心運動分享，我覺得蠻好的就請他連結給我，我們每天互相激勵，做完核心就會在 line 上通知運動已完成，慢慢的這件事變成日常生活中的一部分。

　　過一段時間好夥伴再分享跑步機運動，那時差不多是 3 月份，當時我住在南部，我們社區有健身房，我住在南部的時間，就拿著平板去健身房騎車 30~40 分鐘，運動兼追劇，回家後，讓電視開著，我還繼續再做 10 分鐘核心。

　　而在每週到北部出差的那兩天，我也會去河濱公園騎車運動，從大稻埕騎到關渡宮、淡水、新莊，騎乘距離越來越遠，邊運動也邊有意外收穫：可以觀賞到日落西山的夕陽、美麗河濱夜景、還有意外被狗撞傷的插曲……

　　我也開始研究起各類有關減重的書籍和食譜，研

究如何讓減重餐變成家常菜，也就是家裡每個人都可以接受，真正無負擔的家常菜。到了 2021 年，審視自己，在經過 9 個月的努力後，當初設定的 BMI 18.4 目標達到了，如今我也擁有一副好身材、有著完美曲線及好體力，並且也有好氣色。

一切的一切都變得很美好。哇！這不是在做夢，美好 ing 中！

只花不到一年的時間，從 54~45 公斤，甩掉了身上 1/6 的體重，我做到了。減重計畫是日常生活中的一件重要項目，按部就班進行著，非常容易，不會有額外負擔，我很享受，我樂在其中。

小分享：BMI

身高體重指數（又稱身體質量指數，英文為 Body Mass Index，簡稱 BMI）是一個計算值，用來判定肥胖程度，BMI 指數愈高，罹患肥胖相關疾病的機率也就愈高。

減肥對一姐來說是一條不歸路，當妳享受著勻稱身材，就不會想再胖回去。當有一天妳看到美食，可以選擇吃也可以選擇不吃的時候，妳再也不會被美食

綁架，妳就成功了。

我知道，女人總是覺得衣櫥裡的衣服永遠少一件，從忠孝東路四段到一段，我也走了不下數十遍，看到琳瑯滿目的店家，蛋糕店、餐廳、服飾店……等等，我也會心動，起初會被吸引進入，眼睛告訴我快買快買，內心則響起一個聲音要自律，知曉邪惡食物會導致變胖、衣服則是消耗品，美個一下子卻瘦了荷包，最後意志力戰勝了，雙手空空繼續往前行。

當一個人意志力不夠時，最後變成手上大包小包的，根本無法往前行，只能依靠小黃，這樣不但沒有享受到一個人走在忠孝東路上的悠閒，更瘦了荷包多了卡路里。

所以，意志力真的很重要。

妳，決定要瘦身，享受美好人生了嗎？

今天起，讓自己既能享受又能享瘦。

翻開這一頁，幸福美麗伴妳一生。

跟著一姐做，
瘦身不用餓肚子！

想瘦篇

想瘦不是只靠冥想或口頭講講。

冥想是做夢、講講是空口白話而已，享瘦就要確實落實執行計畫，關不住自己的嘴巴，能做什麼事？!

有眾多友人來尋求一姐協助，指導他們減重計劃。

我每天都會詢問「吃飽沒？」還希望他們增加份量。當每天量體重，再對照一週前的體重後，他們都覺得不可思議，在沒有特別運動，只做飲食控制的情況之下，體重竟然一點一點的往下掉。因為結合一姐的計劃，不需要大幅改變原本生活習慣，而能配合每個人的生活習慣，個別對進行的計劃中做一些調整。

請務必為自己找出一個減重的理由，只要有個理由讓自己有動力，現在開始還來得及。

走，讓我們減重去，Let's go!

LESSON ①　冥想：動機是重要的

　　允許自己可以追求更好的生活方式，慢慢來也沒關係，一切都來得及。

　　「十年樹木 ，百年樹人」出自《管子‧權修》原文為：「一年之計，莫如樹穀；十年之計，莫如樹木；終身之計，莫如樹人。」意思是培植一年就有收穫的是莊稼，培植十年才有收穫的是樹木，培植一生才有收穫的是人才。

　　「十年樹木 ，百年樹人」比喻我們培養和塑造一個人不是一朝一夕的事，需要長時間的累積和沉澱。

　　在進入減重的實務前，讓我們先來沉澱心情，審視自己。

▍動機：每天都想像減重完成的快樂

　　請務必記住：女人要對自己好一點。

　　女人一定要管理好自己的體型，要多學習、多看書，做些運動，做一個獨立自強的女人，投資在自己

身上，每天進步 1%，一年後進步 37 倍。

　　一姐的家族有遺傳性疾病，包含糖尿病、高血壓、高血脂等，時常看著家人每個月都要去醫院拿藥，在房間排出一盒盒依序要吃的藥盒，身為護理專業人員的我，不禁問起了自己，難道我以後也會需要這樣嗎？

　　當生病才在想規律拿藥吃藥，不如現在自律改變飲食。

　　我的身高 157 公分，最胖時體重曾來到 54 公斤，過往平均體重則 50 公斤上下，其實我並不算胖，只是以前因感情遭受背叛，自信心跌落谷底，因友人鼓勵我跟著她們減重，說重回美妙身材恢復自信不怕沒有人疼，才一語打醒夢中人。

　　告訴自己，我並不差，女人要對自己好一點。一心一意要讓自己更好，當妳忙碌著追求更美自己的時候，哪有時間患得患失？

　　當妳變美了，就再難接受自己變醜的樣子。讓變美成為一種習慣的人，才最有可能突圍而出。心想事成，美成自己喜歡的樣子。享瘦使我自信飛翔，而有多愛瘦這件事。

　　問問自己，妳為什麼想減重？動機是什麼？妳真的下決心了嗎？

下決心了，就設目標吧！

目標

體重 45 公斤，BMI 18.5

目標：透過簡單的方式：均衡飲食加上運動，不須挨餓，就可以達到自己設定目標值！

確定自己的方向之後，只要按部就班，列出長期、短期、每日計畫，讓一切走上正軌，一切都會迎刃而解。就算是亡羊補牢、也猶未晚矣。

妳可以從現在開始，憑藉自己的努力，去獲得那份生活的精緻，蛻變成為一個自愛自律的人，活得越來越優秀、美麗又自在，越來越讓自己感到驕傲。

也許蛻變過程是痛苦的，但也會是有收穫的。當下若有任何小小犧牲，也都是在為明天更優秀的自己鋪路。

當我確定目標之後，就會向著目標全力前進。

┃改變：想做的事情，現在就做。

改變的發生，緣由於自己做了一個選擇：願意伴隨著時間讓自己成長。

趁年輕，趁夢想還在，想去的地方，現在就去。**青春的逝去並不可怕，可怕的是失去了勇敢追夢的熱誠。**

減重就是一個需要勇敢迎接改變的決定，需要長時間規劃與執行，妳無法不只想著要在短時間內獲得成功，妳要做好長期改變的準備。

當妳努力做好一件事情，不疾不徐，隨著時間發展，一點一滴呈現妳自己時，當每一天都在成長，那麼成功就會是自然而然的事情。

我相信對於減重這件事來說，若妳想要有一個好的結果，那就應該關注著在整個減重過程中，妳是否全心投入？是否體會到快樂？

如果妳有一個好的過程，熱情 enjoy 在其中，自然會到達一個好的結果。

雖然行動了不一定會成功，但不行動則一定不會成功。

一個人的目標是從夢想開始的，而一個人的成功則是在行動中實現的。

如果妳要心疼花太多變美的錢，那請問誰來心疼變老的妳？

每天都要告訴自己，有自信的女人最漂亮！

每天都要告訴自己，讓自己美美地面對每一天！

不要因為任何人而讓自己委屈求全，女人的美麗無可取代！相信自己，善待自己，讓自己的生活精彩繽紛。

到了現在這個年紀，誰都不想再取悅誰了，跟誰在一起舒服就和誰在一起，包括朋友也是，累了就躲遠一點。

取悅別人遠不如快樂自己。

減重，是為了快樂自己。

▍自律：努力做好一切，時間是最好的裁判

自律需要強大意志力，人們總以為自己會堅持，但其實規律很容易被打破。當妳確定了自己的目標和計畫時，總會有種種干擾橫加阻攔。

例如想減重時，恰好會出現各式各樣「不得不參加」的聚會；想工作時，恰好有人約妳喝咖啡；想旅行時，恰好身體不舒服；想早睡早起，突然被安排加班必須熬夜。

因為過程可能有困難，所以更加需要堅持去做。就算被阻擾個一兩天，妳依然隨時隨地可以重新開始。

萬事起頭難，告訴自己，凡事的初期都可能不順利，但等一切步入正軌，走向常態化，就會有條不紊地發展下去，等待妳的會是更好的生活方式。

妳不能依賴任何人，事實上這世上沒有任何嚮導、任何老師、任何權威，成功真的只有靠妳自己，以妳為中心建立妳和他人，以及妳和世界的關係，除此之外，一無所恃。

犧牲一點點初期的時間，是為了取悅未來的自己。以後，再回首這段日子，感動於曾經自己這樣走過，妳會驚訝自己的潛力，妳很慶幸，憑藉著自己努力，爭取到如今獲得這樣的生活精緻。

●為自己的美麗健康去買單

做一個美麗、優雅、健康、精緻的女人。妳真的要相信，只有愛自己，才會更好命；只有自律，才會更自由。

為了減重我曾經把自己的身體當成白老鼠。

我看過所有的減重書，試過所有瘋狂的減重產品，我不知道哪些有效？哪些沒效？但總要有個嘗試。如今讀者們不需要走那些冤枉路，現在我可以藉由自身經驗，導入正確的健身和健康的生活方式，來幫助人們改善自己的身材。

在減重的過程中我告訴自己，我必須瘦瘦的讓人印象深刻才行，所以我把每天的卡路里攝取量控制在1200大卡以內，另外也持續運動健身，這是我維持雕塑曼妙身材的唯一方法。

也因為瘦身有成，在職場上人們開始注意到我，我讓她們印象深刻，所以我要持續讓自己的身材保持在最佳狀態，我是一個說到做到的人。

我做到了在這兩年當中，瘦了10公斤，脂肪重量8.3公斤，脂肪率18.6%

到底要如何吃而吃不胖？可以吃了大餐體重很快就回復？這是一門學問，在本書將與讀者分享。

重點還是每個人自己，要先下決心讓自己美麗。

小分享：藉由自律克服口腹之慾

體脂肪10%大概有兩種人，一種怎麼吃都吃不胖，這輩子從來沒有胖過，這類人比較屬於天生麗質，一種是讓肌肉超過肥肉，靠著努力，不管怎麼吃，那些熱能容易被消耗代謝掉，也不用擔心。我們努力讓自己成為第二種人。

如果妳在減肥期間實在無法克制口腹之欲，無論如何都想豁出去吃頓大餐時，那妳就吃吧！只是妳要有承擔後果的心理準備，體重是騙不了人的。

希望妳能冷靜想一想，暫時的忍耐，是為了換得將來「吃的自由」，當妳透過飲食以及運動，把身體調成「少脂多肌」的易瘦體質，自然就不用處處忌口了。

　　想想，妳身上的脂肪，妳外表的肥胖，只是因為這一星期吃的大餐比較多，就變成這樣子的嗎？妳身上的肥肉，難道只因吃了一餐麻辣火鍋，今天就長出來的嗎？

　　當然不是！真相是甚麼，妳我心知肚明。

　　明天的妳會是怎樣的妳，抉擇就在此一念間：妳願不願意自律。

▎信念：請相信自己擁有長期保持好身材的能力

　　希望妳相信，許多的不可能，其實都只是不知道而已：不知道方法、不知道轉念、不知道習慣的影響。

　　以減重這件事來說，就是一場「自我實現」的馬拉松，每個人都想要突飛猛進，但若目標一次就設得太高，效果通常不好。反倒是若願意一步一步慢慢來，不求快，但求恆久，無時無刻持續去做，才能走得遠、走得長久，成效自然而然會慢慢浮現。

　　希望我們每個新的一年都從自律開始，**今天的自**

律就是明天的自由。

　　初始當我們想落實減重計劃，往往囿於習慣，不敵大餐、甜食、邪惡食材、瑣碎的事務……種種誘惑和干擾，讓所執行減重計畫告吹！於是，我們開始自責，怪罪自己意志力和毅力不足，可是當妳自己重新振作，告訴自己要嚴格遵守減重計畫，可惜幾天後，又重蹈覆轍，就這樣陷入無止境的惡性循環。

　　所以說，失敗往往來自自制力不足，有人總是找理由讓自己終止計畫執行，回過頭來又自我安慰說，反正大家本性都是如此呢！

　　並不是這樣的，落實信念，是可以帶來成功的。

　　讓自己從「真正」想改變做起，如何穩健且持續的執行計劃？下一次讓計畫目標不再失敗。

　　●享瘦生活，不用靠寬鬆衣服來遮掩臃腫的身材

　　以前總是會買比自己身形稍稍小一點的衣服，但往往真的不能穿的時候，那些衣服淪為壓箱寶，然後邊收納衣服，邊信誓旦旦的說，等我哪天瘦了就可以穿。

　　但「哪天」到底是哪一天啊？不該是遙遙無期吧！妳真的有改變的信念嗎？

　　享瘦的生活，從斷捨離開始，那些較大件的衣服

準備開始出清了，因為妳不需要了，妳總不會說，放著當壓箱寶，等以後變胖回來還可以穿吧！

妳要相信妳一定可以做得到。當妳享受標致好身材的時候，就不會想要再胖回來。

當衣服能襯托妳的好身材時，旁人總是用羨慕眼光看著妳，那感覺多好啊！我總是誠懇地對身邊朋友說，**不用羨慕他人好身材，對自己好一點妳也可以有一副好身材。**

●別找愛吃美食當藉口，美食的無辜我知道

減肥失敗的人常會找一些千奇百怪的藉口，將甩肉不成功的原因合理化，說自己太忙沒有時間的人，多半把時間花在毫無意義的習慣行為。她們再忙也要聚餐，也要飽飽地吃飯。

也常提醒大家不要只顧著工作，也要管理一下自己的健康，這種時候大家總會不自覺的冒出一句話：「是啊，但是我實在太忙，沒有時間。」

是這樣嗎？

當有人來跟我說她想減重時，也常常跟我強調她很愛吃，她是美食愛好者。這時我會對方說，說起美食主義妳不及於我，我對美食研究可多了。但美食不必然帶來肥胖，真正原因是以下這些：「嫌太麻

煩」、「從明天開始」、「沒時間、沒空」、「肚子餓不能做事」等，其實都是一堆因懶惰而生成的藉口。

　　真正可以打造自己能夠享受美食也吃不胖，這才是本事。當然我還會再補一句話：「妳也必須確認：妳吃的美食是對妳的健康有好處的」。

　　藉口往往是阻礙自己變好的主因，名企業家嚴凱泰曾說：「妳連吃都不能控制，那妳還能控制什麼呢？」

　　當妳管不住嘴巴時，就必須尋求體管師，就讓體管師會教妳方法管住嘴巴。

LESSON ② 計畫：結合具體有效的行動

計畫需要被執行，否則可能流於盲目行動。

我剛開始決心想減重，從那時候開始我投入很多：跟著喝防彈咖啡、跑到台中看中醫吃中藥埋線、騎自行車運動、吃無油餐、吃西藥、吃減重藥、減醣飲食、低 GI 飲食……。

但操忙瞎忙，未竟全功，我們必須採取「有效率」的具體行動。

要規律有計畫的執行，減重計畫的成功與否，**關鍵在於持續有規律的去執行，而不是隨心所欲的想做就做。**

剛開始減重，通常怕被潑冷水，怕被笑所以不敢跟別人說自己在減重，總是躲躲藏藏的。當遇到朋友邀約聚餐等等，也總是面有難色地想理由看怎麼拒絕。直到有一天，發現身邊朋友紛紛表示她們感受到自己開始變瘦了，才敢說自己在減重。

在減重的過程中，家人的支持與朋友的鼓勵，是很大的原動力。一姐建議，就試著大聲告訴家人朋

友：「我在減重，要不要一起來享瘦」？

試看看互相激勵，呼朋引伴，成果會更好。

有效行動 1：動力加知識

☆**動力作法**：把妳減重的計劃告訴別人，成為 push 妳的動力源

很多朋友不會把減重計劃告訴別人，害怕有壓力，可能是我比較愛慕虛榮的緣故吧！每當我把自己的計劃告訴身邊的朋友後，我反而會更有動力去做這件事，因為我很害怕當朋友問起我的計劃進行得如何時，自己因為沒有做到而無法回答，那樣會感到羞愧和尷尬，為了避免羞愧，我只好真正去做，我要讓大家知道我正在執行減重計劃，使之成為我的動力，也變成是一種無形的督促。

☆**瘦身知識**：想瘦回 20 歲的樣子，對食物該有的熱量概念

每天應該控制在多少卡路里？吃多少熱量才不會發胖？

要懂得計算基礎代謝率(具體的做法後續章節會陸續分享，這裡先來建立正確觀念。)

小分享：人體熱量消耗的來源

人體熱量的消耗主要分為三部分：

1) 人體的基礎代謝率，約佔總熱量消耗 65~70%

2) 身體活動所需熱量，約佔總熱量消耗 15~30%

3) 消化食物所需熱量，約佔總熱量消耗 10%

由此可見，「基礎代謝率」是佔人體消耗熱量的最大比率，也是有意減重者不可忽略的概念。

備註：

1. 基礎代謝率（Basal Metabolic Rate 簡稱 BMR）是維持人體重要器官運作所需的最低熱量。

指一個人在靜態的情況下，維持生命所需的最低熱量消耗卡數，主要用於呼吸、心跳、氧氣運送、腺體分泌，腎臟過濾排泄作用，肌肉緊張度，細胞的功能等所需的熱量。

2. 怎麼算基礎代謝率？

簡單公式：體重×30（無論身高）

簡單來說，像我之前的體重 54 公斤，基本代謝率是 1620 大卡，就是說若妳整天都在睡覺，沒有任何其他活動的話，這天便只會消耗 1620 大卡。

有效行動 2：毅力

重點一：記流水帳是很重要的！

一天的卡路里攝取多少量，現在網路資訊很發達，App下載上網就可查詢到食物的熱量，配合每天進食的總熱量，當然每天進食攝取量都會起伏，平常日和假日的落差就很大，偶有落差，那也無妨。

而且每天磅秤量體重也要記錄，一週週地自我檢視體重，若體重有下降就表示這週吃對的食物，而且必須身體無不適感，這樣就可以安心持續下去，方向對了，就可以比預期更快達到目標。

當妳比對一週前一週後的體重，養成習慣，就會逐漸了解是否該週的食物吃對了？當妳養成這樣子記錄習慣，也會對食物熱量建立直覺，屆時哪些是邪惡的食物，妳都清楚明白，會知道哪些食物應該避免。

重點二：認知到改變是痛苦的
改變自己會痛苦，但不改變自己會吃苦。

一個人的性格和習慣是很難改變的，如果想改變，那肯定是一件很痛苦的事。雖然是這樣，在很多時候，我們必須要改變自己。

改變，是一種不舒服，甚而是一種痛苦。多數人

便是因為心理層面的祈求安逸、疏於自律、或者企圖心與危機感不足等因素，陷入「知而不行」。他們會自我說服「改變是沒有必要的」。

人在改變的過程中會用到許多方法與技巧，改變不僅是一種經驗，也會形塑一種習慣。妳一輩子要面對非常非常多的改變，這些改變編織妳的人生。

趕快藉由改變建立好的經驗與習慣吧！妳的人生就越變越有色彩；否則，妳的人生會越來越灰暗。

改變沒有那麼難！勇敢的面對改變，體驗改變！

要知道，改變真的是痛苦的，簡單回想自己過往作息就知道：每個人回到家都會想休息，想要邊看著電視邊翹二郎腿。當妳把減重融入日常生活裡，這些都可能被改變。

其實也是可以做到無礙原本生活習慣的，例如當我想看電視追劇的時候，我可以拿著平板到健身房，一邊騎車一邊追劇，這樣既達到看電視的效果又可以健身。

在家看電視可以拿著平板做做核心，這樣就有運動的效果，雖說改變是痛苦的，但其實很多人就只是「懶得動」而已，那麼，如果說對很多人來講，運動是需要有伴的，那麼可以結合 App 大家一起來運動，

彼此問候「妳有沒有運動啊？」有運動完成就跟朋友說「我運動完成了」，這樣也可以互相激勵。

▍有效行動 3：創造一個正確習慣

減少與好習慣相關的阻力。阻力一少，養成習慣就簡單了。

增進與壞習慣相關的阻力。阻力一多，養成習慣就困難了。

把相關環境準備好，讓未來行動更容易執行。

例如想要煮一頓早餐，那麼在前一晚，事先把煎鍋放在爐上，並把食材切好放在冰箱，碗盤器皿也都已準備好擺好，起床後，煮早餐這件事就輕而易舉。

想運動，也是同樣道理。提前準備好運動服、運動鞋、水壺、運動背包。

想要低醣飲食，可以利用晚上，在晚餐後準備好器皿。這樣一來，就可輕而易舉隨手取得，更可以落實減重計劃。

想做核心運動，將一張瑜珈墊鋪在客廳或臥室地板上，就可以一邊觀賞電視一邊做核心運動。如此，不用特地撥出時間，執行面更容易。

這些簡單的方法，有助於我們維持好習慣。

●種什麼因得什麼果

隨著時間過去，每個習慣都會帶來很多種結果。並且感覺可能落差很大。

例如，一個壞習慣可能過程中感覺不錯，翹著二郎腿啃雞腿之類的，但以結果來看卻很糟。

好的習慣則剛好相反，過程中可能不怎麼讓人喜歡，但最終結果卻讓人感覺很好。

想想，雞腿的烹調用炸的很香很好吃，長期下來就會脂肪囤積。用水煮，沒有那麼美味，但長期下來是健康的。當每天的餐食都像在過年般無所忌憚，不僅吃胖了身材，更是吃壞了身體。甚麼三高（高血壓、高血糖、高血脂）、身體發炎指數升高等。

而相反地，每天均衡飲食，只是偶爾犒賞自己一下，換來的結果肯定不一樣，因為身體變健康了。

好習慣的代價在當下，壞習慣的代價在未來。

計畫重點還是要落實

短暫的自律換來好身材是值得的，訂定計畫就要去落實。

曾經我跟減重者說：記得把我的照片設定成桌布，做為一種目標，她回我說：「這目標太遙遠了！我不敢置信，乾脆用剪接把我的頭複製在妳的相片，

這樣比較快啦！」

我笑著跟她說：「不會遠啦！落實計畫去做，一步步穩扎穩打就可以做到。」

落實「肚子餓才吃，肚子不餓就不要吃」的習慣，千萬不要為了想吃而吃。

健康的減重策略，應該把重心放在選擇正確的食物類型，而非是食物的份量，適當的控制，熱量和份量都會自動落在控制範圍內，因此也就能達到自然減重的效果。

一姐發現來尋求減重的人有一個通病，她們經常都是用大碗公在吃飯，這樣子只會越吃越多而已，像這類案例，都要從日常生活改變做起。

其實，我們每天都在重複許多要做的事，這些都是重要的事，例如：刷牙洗臉、洗澡、吃飯、穿衣服……都是很重要，並且已經成為習慣，每天可以快速進行。同樣地，我們只要把減重計畫跟相關運動，也列為這樣重要的事，每天持續做，習以為常，就可以改變人生。

把減重和運動融入日常生活中，真的很重要，變成習慣可以讓自己輕而易舉去執行。包括以爬樓梯取

代坐電梯，短於一公里的路程，選擇以走路取代坐計程車或大眾運輸工具，另外，去健身房可以帶著平板邊運動邊追劇，這些都是一開始可以建立習慣，之後就能 enjoy 樂在其中。

例如一姐停車位在 B3，而我住在 6 樓，每天都會習慣，不搭電梯，就這樣上下 9 層樓爬至少一次，習慣之後，反倒偶爾懶惰，改搭電梯就覺得自己感覺怪怪的，甚至覺得不對，還會自己下樓重新爬一次，把額度補上。

當體重持續下降，真的很有影響。像是同世代的人，可能同學會或聯誼聚會，難免會比較「誰比較老」，並且當到了某個年紀，往往發現差異甚大，例如當邁入中年，妳會看到有人就是大嬸樣貌，有人依然身形窈窕，當妳身形比較標致，在同儕之中妳看起來就會更年輕貌美。

隨著年齡越來越大，若妳希望外表模樣看起來依然年輕，只要願意訂定計畫且落實，妳就可以做到永遠那樣年輕美麗。

如何有效地穩定控制體重

有效維持體重是很重要的。

就算以一姐的情況，我已經身材很標準，因此看

起來體重與體脂肪減少空間不大，即便如此，靠著飲食計劃還是可以持續降低體脂肪，幫助雕塑更完美的線條。

即使再降 1% 的體脂肪，都不是一件簡單的事，但是我還是做到了，而且並沒有因此就不愛自己，也不用每天忍受不去品味口腹之欲，不需要逼著自己去吃水煮無味的東西，相反地我三餐吃得還比以前更好呢！

● **減重不挨餓**

不挨餓，才是減重成功的王道！不要懷疑，減重也可以吃的很飽足很澎湃！

吃得對，才是瘦身的關鍵！

減脂飲食該如何料理呢？瘦下來有效維持體重是很重要的。

我曾試過 24 小時斷食，結果有成功，但這個方法有竅門，一姐建議可以從吃完晚餐之後開始起算做斷食，只要到結束斷食的時間加起來有 24 小時就行，好比我可以在下午五點吃完後，進入斷食階段，等到隔天下午五點再來吃，這樣子感覺起來，還是每天都有在吃東西，又覺得滿足，就不會覺得 24 小時很長，

好像有一整天都沒吃東西的感覺，如此也能達到有效減脂減重的效果。

外食族也有外食族建議的餐點，要如何吃才不會胖？如何避免外面的高油高鹽高糖？

外食族需要挑食物吃，比例也要抓對，當然，自己煮有自己煮的好處，後面我們也會有適合外食族的減重食譜。

●完美的減重計劃妳也可以做得到

在減重的過程中，妳學會了什麼食物和怎樣生活方式會讓妳增加體重，據此，妳可以做出改變，讓身體回復年輕。

專屬妳的減重書中，可以設計出一種容易執行而且符合個人化的飲食計劃，讓妳不用挨餓，又能讓一整天的血糖能量保持平衡。

妳將學會如何組合食物，滿足妳口腹和視覺的享受，以確保足夠比例的營養素來維持體內的新陳代謝，同時為了確保妳的身體一整天都在燃燒卡路里，妳必須要均衡飲食，而且要吃飽飽的不挨餓。就是要妳既能兼顧減重也一樣可以享受美食，這也是整個計畫，我最喜歡的部分。

我相信，每個想要認真改變自己生活的人都有過

這樣的時刻，真正去省思飲食的問題：為了健康，妳不該再想要隨心所欲，放任自己飲食過度。

　　停止放縱，迎向改變，無論有多困難，妳都要做到。

LESSON **3** 減重：現在就是啟動的時候

　　假如妳想減重，現在就是該減重的時候了，假如妳已經減重失敗過 20 次，現在是減重第 21 次的時候了。

　　妳不但有能力減重，而且一定會成功，請諮詢一姐幫助妳減重。

▌關於減重這件事，妳要有的觀念

1)妳要持之以恆

　　減重一定會花上一段過程，妳的肥肉不會一下子就不見，不會今天開始減重，明天就會變瘦，妳要花上好一段時間，跟妳的身體溝通，餵養好的食物，持之以恆的運動，慢慢花上一個月、兩個月、三個月才開始有成果出現。

　　減重是七分吃三分動，也就是說減重要成功，70% 跟妳吃的是甚麼食物有關，剩下的 30% 才是妳做了什麼運動。

減重重點不在一個月瘦幾公斤，重點是在持之以恆的力量。

以一姐的方式，要用怎樣的飲食？才能達到用一個合理的、均衡的，可以長久執行的生活方式？

前面我們提過記帳，記帳當然麻煩。可是妳可以這樣想，當妳想要吃美食的時候，是不是也是要上網查詢一家哪好吃，再查看消費者評價哪家比較高，才會去光顧？那麼身材有沒有很重要？如果知道很重要，妳當然也要多花點工夫，記帳也是就是做做記錄，算算卡路里，小小麻煩，卻很實用。

當然，我們追求好的身材，但這件事其實本身也不是終極目的。就好比賺錢一樣，錢重不重要？當然重要，但賺錢本身不是目的，賺錢是要過更好的生活，當妳擁有健康的好身材，不只是為了好看，也讓自己有自信，並且更加能享受生活各種饗宴。

減重這件事情對我來說是一件相當美好的事情，**它讓我展現自信展現美，讓我感知到：自己就是一個很好的名片。**

2) 減重不一定得餓肚子

大家都認為減重的天敵就是吃到飽，好像只能二擇一，不是變胖就是吃不飽。實際上並非如此。

對那些每次減重三天接著就放棄的人，可能藉口肚子要顧，初期的確有些難熬，但其實只要重複七次斷食計畫，就代表能熬過三周的時間。三週雖短，卻也需要毅力，掌握減重成功與否的關鍵，唯有養成習慣，突破最初的那段難熬期，一旦突破，養成習慣了，很多人都能夠持之以恆執行，充分展現出減重的成果。

當我每次吃大餐結束後，我隔天就會執行斷食計劃，藉由我的經驗，我已懂得如何將斷食計劃徹底融入日常生活中，變成一種習慣。很多人對我說，以一週做微循環容易營造出自律的生活，即便有哪一週破戒了也方便再重來。

當減重融入妳的生活時，妳就拿回吃的主控權，只要方法對了，減重也可吃大餐、喝下午茶，想吃就吃，越吃越好，越吃越瘦，身體也越來越健康，這並非難事。

3) 減重不要急慢慢來

假如這幾年感到體重慢慢增加，現在就要做的，就是慢慢讓體重下降，不要為了求速效就故意餓肚子，除非妳採取的是有規律的斷食法，如果經過記帳，做好規律，能夠採取最佳的飲食並且配合運動，

體重就自然會下降。

如此一天天過去，妳不但會變得更苗條，也會變得更健康。

若減重不當，那妳減掉的很可能是肌肉；現代很多年輕人喜歡減重，但他們最喜歡用的方式是節食，**但節食這種方法，最終流失的大部分都是肌肉，很多人在節食減重時錯以為體重少了好幾公斤，還在歡天喜地，但事實上減去的很多都是肌肉而不是脂肪。**

減重要避免肌少症，當減重的同時一定要配合運動，增加肌肉量，增加肌力、增加心肺運動，可以使妳增加肌肉量。當妳長肌肉，體重就會重一點點，沒有關係，此時不用太在意妳的體重，要在意的是健康與均衡，減重方式對了，就能雕塑身型使妳擁有苗條體態。

身體會依照「體重→體脂率→體態→體質」的順序逐漸出現變化。一開始體重會下降，感覺體重的數字不做起伏時，接下來體脂率往下掉，當體重和體脂率一直在原地踏步，體型便會開始緊實起來，重複上述過程數次之後，就能逐漸發覺體質出現變化，比如說「肌膚變美了」或者「不容易疲勞了」。

小分享：減重前的準備

1.下載手機健康管理APP

無論是哪種系統的智慧型手機，都有許多免費的健康軟體 APP 可以下載。有清楚的視覺設計，為妳提供個人健康資訊，能儲存每日變化數字，並且通常是免費的。使用手機 APP 的最大好處，就是非常方便，隨時隨地在家裡在公司在戶外，都可以記錄與觀看自己的資料。

2. 開始半低醣及高蛋白均衡飲食
3. 持續落實一姐減重計畫，享受瘦身的樂趣
4. 設定減重10%目標
5. 告訴自己要避免復胖，維持永續健康

相信我，妳也可以做得到健康的體重管理！

與朋友一起減重

有時候我們想做一件事是需要有伴的，當妳自己無法把事情到位的時候，需要找一個人督促著妳、陪妳一起做。通常這人是妳的家人或密友，她可以督促著妳該吃飯該運動了，妳一個人比較懶，但有人催促妳就只好乖乖地聽從指令去做。其實就像小學生做功

課一樣，很少孩子會自動自發做功課的，但有人督促，擔心沒做功課會被老師處罰，就會乖乖寫功課。

督促的人也會做到時常的提醒妳，有沒有忘記哪件事，被提醒了，就趕快去執行吧！。

朋友除了是督促的力量，也能帶來回饋以及正面激勵。

例如我的友人打給我說：「以前妳總是說要減肥，我們都覺得妳頭殼壞了，那麼瘦還要減肥幹嘛？現在拿以前照片和現在對照，還真覺得妳以前有夠胖，減肥是對的。」

此外，體重下降，感覺外表年齡也跟著下降。當然，這也需要用第三者眼光來看，當妳變瘦變美變年輕，讚美聲就會不停接踵而來，妳會覺得投資自己真的是值得的，除了本身健康，還會帶給妳原本沒有預期的好處。並且當常常有人稱讚妳的時候，心情就會特別好，妳的好運氣也會跟著來。

只要常常有好心情，就會帶來好人緣，人是不會跟愛生氣、面色不好或者晚娘面孔的人在一起，那只會弄髒自己的心情。

接受因享瘦帶來的好運氣吧！別人的目光都會被妳吸引。例如好幾次我跟叔叔逛市集，老闆會算便

宜，當叔叔跟左鄰右舍閒聊，有時候會笑說若逛市集最好離我遠遠的，免得看起來年齡對比太大。每當我走過，旁邊的人總是會說那個小姐真漂亮。當妳光鮮亮麗出現，想不被注意也難。

減重是女生一輩子的志業，真的！我們總是為了身材努力而奮鬥，但有時候卻不知道該怎麼做才好？反而會給自己過多的壓力。但若有朋友陪妳一起，可以彼此鼓勵，也比較不會感到壓力。

●幫助身邊的朋友減重也是功德一件

我自己減重成功，也熱愛協助人們減重成功，找回自信。

身邊朋友減重的實例：有一個被稱之最頑劣的減重者，她竟然曾被減重醫師「拒收」，可想而知有多頑劣了。但在我的指導下，這樣的人也有了明顯改變。

從開始減重到檢驗成果這天花了 3 個月的時間，她的體重從 71.3 公斤掉到 64.4 公斤，雖然老實說，她的確頑劣，總不能乖乖照我說的做，但或多或少還是被我督促著，有了具體影響。執行減重計畫過程中，她往往總是兩天乖乖的落實，第三天又將計畫拋諸腦後，因為本身做生意關係，常常晚餐 9 點過後才

進食，三不五時還來個宵夜場。即便如此，後來依照我的減重指導建言，她依然獲致一定的成效。

還有減重者分享落實一姐減重計劃，才短短 5 個月的時間，身形就有明顯改變，翻看照片，2 年前的體態和現在體態已明顯不同，從 71.5 公斤降到 63.7 公斤，她那個「游泳圈」真的小了不少，她說最高興的事是健康檢查報告一些數值變正常了，並且以前不太愛拍照，但現在她時常拍照，還為了減重，每個月刻意拍全身照，做為日後減重對比，這樣的她，也重拾少女時代的自信心。

另一位減重朋友，說生完第三胎至今 17 年了，體重從未降到 6 字頭，醫師叮嚀她要減重，因為醣化血色素有點高，又常常骨盆腔發炎。看到醫院檢查報告後，她決心跟著一姐落實減重計劃，後來不但減重，她的醣化血色素也真的降了！

所以，任何人只要有心都可以減重成功。

請務必找出一個減重的理由，只要有個理由就能讓自己有動力，我也會提供協助。我都告訴朋友，現在開始還來得及，一姐依照每個人的生活習慣不同，進行的計劃當然因人而異，每個人生活習慣不同，但原則是不變的。不論如何，每天必須跟我回報。

給接受減重指導的朋友規定的日常功課：

1. 早上起床要先量測體重（體脂計最好可連結app)

2. 三餐的餐點內容必須先拍照回傳

3. 多喝水，每天要喝一天 2000cc 以上

4. 每天記帳，做卡路里攝取計算

（其實當她們傳來照片時，我就先幫他們算好了，只要妳有每天計算卡路里，久了食物的卡路里多少，看一眼差不多就知道了）

5. 運動方面，設定目標，每天至少要走 8000 步

減重關係著不僅僅是健康

身高不是距離，但體重卻絕對是個問題。

羅馬不是一天造成的，大家應該都認同這個說法，那麼體重過重也不是一天兩天就形成的，一定是日積月累，這一餐那一餐，餐餐都吃得不均衡，都吃得過量，無形之中每天都增加過多的，超越身體所需要的卡路里，逐漸就累積在身上成為脂肪。

我們應該重視體重、重視體態；關心健康，也關心我們的美好人生。

人們總說「窈窕淑女君子好逑」，身材苗條皮膚白皙的女人，總是會帶來好運氣。當一個人可以從

54公斤減重到45公斤，這個過程，帶來的改變是明顯的，千萬不要覺得減重這件事是個麻煩，反而妳應該 enjoy 樂在其中，想像妳在人們眼中更加的迷人，並且妳還變得更健康。

減重是種樂趣，可以融入日常生活，妳會常常思考要怎麼變出千變萬化、美味可口的減重餐，因為一姐是美食主義愛好者，會把減重餐變成家常菜，並且烹調出來的是大家都可以接受的口味，食材也是輕易可以取得。

●落實減重計劃如何開始

如同前面我指導我朋友的日常功課，每位讀者也可以自己練習，簡單來說，在不靠減重規畫師指導下，每個人至少也可以做到以下四個重點：

1. 每天一早量體重做記錄

2. 可以的話，把三餐拍照下來，試著做記錄。

（其實很多食物都有註記卡路里，這點後面章節也會介紹）

3. 多喝水

4. 規律的運動

現實的人生是：我們生活在充滿高卡路里的環

境，放眼望去，邪惡食物琳瑯滿目，我們大腦渴望對著高醣高油招手，所以最有效的方法就是視而不見，這要靠習慣養成，而做記錄也非常非常重要。

總之，事先計劃是重要的，啟動行動才能讓妳獲得妳更想要的結果。

●每天堅持記錄、減重計畫

前面說到記錄，其實無論有沒有搭配減重管理師，都要做好記錄。

一姐稱之為記帳，也就是記錄著每日的體重和飲食，妳會發現，在減重過程中，有記帳習慣的人比起沒有記錄習慣的人，會更有效率，因為有明確的數字對比，一般來說，有記錄習慣者比起沒記錄習慣者，體重會減掉近兩倍。

有效的激勵就能帶來進步，而結合數字管理才能創造有效的激勵，數字的變化，讓自己知道正朝對的方向前進。

有時候妳會怨嘆，怎麼體重計上數字那麼頑固，動也不動，建議初次進行減重計畫者，要存著長期抗戰心態，如果每天聚焦在體重，過沒幾天妳的動力就會被消磨殆盡。體重只是個結果，妳要先重視的還是每天的飲食，漸漸地妳可以注意到自己的皮膚狀態變

好、食量變少、飲食習慣變比較清淡等等，也包括發現身體發炎的次數變少、甚至性慾提升了，以上這些都是讓妳可以堅持減重計劃的動力。

　　一個簡單的方式，讓妳更可以前進的充滿喜悅，那就是每次就抓住一個小小進步，因此數字很重要，只要今天比昨天進步一點點，知道自己的方向正確，就會有喜悅。

LESSON **4** 運動：想瘦，就動起來吧！

　　規律運動很重要，即使只是溫和的運動，例如每天散步，都對健康很有幫助。

　　讓我們一起來運動，不要貪多，先設定每天比前一天進步0.1就好，好比可以一邊看Netflix，一邊運動，不知不覺就滿身大汗。戲也看了，身體也健康了。

▌養成運動好習慣

　　最簡單的運動，就是走路。

　　當我們做走路運動的時候，可以設定一個禮拜七天，每天至少走 30 分鐘，以此做為基本標準，也可以設定走三天休一天，但建議停止運動間隔不可以超過 48 小時。

　　走路的速度，必須維持在能提升心搏和呼吸頻率，但是絕對不要運動到上氣不接下氣的狀態。

　　快走的時候不需要穿任何特定衣服或者是特殊配備，只需要簡單運動服，加一雙舒適好走的氣墊鞋或者運動鞋即可，每天可以試著走不同路線，運動的時

候妳還可以欣賞週邊美麗的環境，甚至也可以和朋友結伴同行，互相鼓勵，當然也可以獨自行動，讓自己與大自然對話。

對上班族來說，善用通勤的時間走走路也是一個好方法。

以我為例，可以走就不坐車，像可能在台北市，若是隔著兩個捷運站這樣的距離，除非真的趕時間，否則我都盡量選擇走路的方式，經驗中，兩站間走路大約會花費 10 到 15 分鐘。僅需要投資自己這一點點時間，卻能夠確實幫助妳維持體重和健康。

每天設定至少走 8000 步，並且要建立成一個，每天務必要達到這個目標的習慣，最後且要做到不以為苦，甚至而且樂在其中。

走路可以幫助我放鬆一天緊繃的神經，初期沒養成習慣的人，的確要花一點點心力來適應這個改變，不過走路久了，很快的就成為習以為常的例行公事。

●**讓運動變成習慣，結合飲食一起改變生活形態**

1. 選擇適合妳的運動。畢竟若妳無法享受一項運動，妳就會很快地放棄。

以一姐來說，我享受的是騎車和做核心運動（原

本平常沒時間看電視追劇，結果發現運動可以讓我同時做這件事），我已經做到再怎麼忙碌都會排時間去運動，讓運動成為生活習慣。

2. 尋求親友的支持，如果可以的話，找一位志趣相投夥伴跟妳一起去運動。

或者自己運動時，與朋友互相傳送訊息，運動完成互相激勵。

3. 設立目標並且記錄下妳每天做了哪些運動

4. 至於多久能吃一次大餐呢？這是因人而異，可以搭配減重管理師諮詢建議。

讓我們開始運動

運動有很多好處：

1. 心情不好的時候去運動，心情會比較好。

2. 運動時，騎室內腳踏車可以一邊騎車一邊追劇，不然妳在家追劇的時候有零食的陪伴，很容易不小心就會吃進過多的卡路里，如果只是運動追劇不會造成妳吸收過多的熱量。

3. 運動可以改善睡眠品質，肌肉在運動後需要休息，如果有運動，在獲得充分休息之後，比較容易堅持飲食計劃，而且對垃圾食物也較有抵抗力。睡眠越差的人，往往會倚賴「吃」這件事做補償，結果只會

越吃越多，無形之中熱量就爆表。

4.運動讓自己體態變均勻結實，看起來更瘦。

建議的運動，第一是前面說過的走路，以一姐現在的腳程，一分鐘可以走 100 公尺，捷運站到醫院的距離約 1 公里，差不多走 10 分鐘，這樣來回就 2 公里，一天走一萬步是輕而易舉的事。

第二是騎車，一姐下班回家會空出 40~60 分鐘騎車，一週 2~3 次室內腳踏車順便追劇。戶外的部分當然就是可以迎著風，看著美麗大自然。

●認識核心運動

妳有多久沒運動了？讓我們認識核心運動。

每周只要做到 150 分鐘的中度身體活動，或是 75 分鐘賣力費力的身體活動，就可以讓我們身體達到最基本的健康效果！

關於運動，讀者認為無氧和有氧，哪一個比較好？哪一種運動可以減重？哪一種運動可以減脂？

其實沒有絕對的答案，每個人可以找出適合自己的運動，重點是必須有效的規律計畫去執行：

簡單來說

1)有氧運動，有助減重類型包括：騎車、跑步、

游泳、快走、爬山。

有氧運動好處：

a. 有助減重。因為有氧運動需要消耗熱量，燃燒體內脂肪。

b. 增加肺活量。由於長期運動要大量消耗養分和氧氣，為此心肺就必須努力地供應氧氣給肌肉，運動帶來持續需求，就會提高心肺活量。

c. 增加開心賀爾蒙（dopamine）。運動可以刺激興奮神經系統的調節轉移，增加多巴胺的分泌，達到改善情緒增加快樂幸福感的效果，也能提高注意力。

2)無氧運動，提高肌肉量和提高代謝率。

其實「增肌減脂」是許多人常掛嘴上，卻沒落實的，實際上無氧運動很簡單天天在家就可做，包含伏地挺身、核心運動、仰臥起坐、深蹲等等，稍後我們也會介紹幾個核心運動。

規律的運動可達到增肌減脂，更可雕塑美麗的曲線，此外也可以打造長期的易瘦體質。

在家就能練出馬甲線、蜜桃臀，跟著一姐在家做運動。

這裡一姐也列出一個運動時間安排範例，可供讀者參考：

週一	週二	週三	週四	週五	週六	週日
*走路一萬步 *無氧運動	*有氧運動(騎自行車) *無氧運動	休息	*有氧運動(騎自行車) *無氧運動	*走路一萬步 *無氧運動	休息	*和家人有氧運動(騎自行車) *無氧運動

●在家也能練核心！10分鐘就好

　　這裡一姐推薦我自己常看的 youtube 頻道，讀者可以網路搜尋白映俞醫師的核心運動，只要在家裡客廳或房間放一張墊子，就可以邊看影片邊比照練習。

　　以我經常做的十分鐘核式，一次六組，組間間隔一分鐘，一組維持30秒，每個人可依體能增加時間或組數。

1) 棒式核心

　　經常作為核心訓練的起始，就是棒式，動作簡單，人人會做。

1. 頭、背部與臀部呈現一直線。

2. 縮小腹，臀部微微向前傾，避免臀部下沉。

3. 縮下巴，讓脊椎呈現自然曲線。

4. 用鼻子吸氣，嘴巴吐氣。

2) 左邊側棒式

接著把身體側過來，手肘放在身體的正下方。用腳當支點，把自己身體撐起來。

3) 右邊側棒式

做完一組左邊側棒式，接著把身體收回來，換邊，改以另一手，也是手肘放在身體的正下方。繼續用腳當支點，把自己身體撐起來。換另一邊做側棒式。

4) 橋式

顧名思義，就是把身體擺成像一座橋樑的樣子。

1. 兩腳併攏，手放在髖部兩側
2. 用屁股力量把自己撐起來
3. 身體呈一直線
4. 也可以搭配做行進運動，就是讓身體上下運動

5) 捲腹

鍛鍊腹部肌肉，大家過往常見的印象例如軍中操練都是採取仰臥起坐，不過更簡單的捲腹，就是純用腹部力量，舉起上半身，也不需要太劇烈。

6) 跪姿平衡

雙腿膝蓋著地，手肘放在雙肩下方支撐身體。運動方式，採對側運動，亦即當你伸左腳，右手就跟著往前伸，接著換伸右腳，左手往前伸。

　　此外，一姐也推薦的有助於臀腿肌力訓練的核心運動。

7) 左右驢式

雙腿膝蓋著地，手肘放在雙肩下方支撐身體。運動方式，先抬高左腿，舉到最高稍稍放下，再舉高，不斷訓練左腿。大約做個30下，稍稍休息，再換右腿，同樣的動作。

8) 上身深蹲

　　想要正確瘦身，練腿非常重要！深蹲可以同時訓練腿部及臀部肌群。動作方式：讓雙腳與肩同寬，將重心垂直落下，身體不要過度往前傾，然後髖關節、膝關節一起作用，往下蹲坐30次。

9)V字式

　　動作方式，先屈腿支撐身體，然後逐步抬起雙腿，讓身體形成 V 字後，雙手也騰空，放於雙腿膝蓋上。

10) 側步箭弓式

動作方式：將雙腳打開與髖部同寬，腹肌收緊，同時朝側邊跨出一大步，將重心轉移至該隻腳上。膝蓋彎曲，形成深蹲姿勢，另一隻腳向外伸直。雙腿交互進行。

　　各種核心運動的示範，網路有很多，一姐自己就是勤奮的學員，每天會看影片照表操課，重點是花的時間很少，短短十分鐘，天天持續以恆就效果顯著。想想，十分鐘妳原本會用來做甚麼？可能隨便跟人家聊個天就耗去大半小時，但用在核心運動，就可以維持美好體態。

　　總之這裡強調的是在家就可以做的簡單運動，若有讀者想學習更多的運動細節，可以去找專業老師進階學習，一姐在此就只簡單介紹帶到。

享瘦使我自信飛翔

享瘦篇

享瘦：讓自己拿回身體主控權

　　當妳擁有小蠻腰時，不是將就穿衣服，而是衣服必須襯托得上妳的好身材。

　　當妳覺得自己無法美美出場時，自信肯定遭受打擊。而當妳變得更好，就會有更優秀更靠譜的男人來匹配妳。

　　享瘦使我自信飛翔。

　　妳到底有多愛「瘦」這件事?

　　其實世上沒有醜女人，只有懶女人。當妳堅持，養成習慣，就會從習慣中受益。

　　一個女人，但凡美過，就再難接受自己變醜的樣子。

　　讓變美成為一種習慣的人，才最有可能突圍而出。心想事成，美成自己喜歡的樣子。

　　捨得花時間精緻打扮、用心保養的女人，別人是看在眼裡的。有智慧又有美貌的女人，人見人愛。

　　妳真的要相信，只有愛自己，才會更好命；只有自律，才會更自由。

LESSON **5** 身體：了解自己身體才能真正享瘦

　　許多時候，人們學習一個知識或觀念，卻無法真正落實，那是因為對於該知識處在似懂非懂中，如果說一個人根本不了解一件事，那要求她可以把那件事做好，就真的困難度很高了。

　　減重，需要很多的配合環節，但為何要做那些事？例如為何要運動？為何要營養調配？其實都是植基於我們對自己身體的認識，是為了照顧好自己的身體，才建立那些減重的習慣。

認識自己體內的脂肪

　　提起減重，經常聽到的一個字眼是「脂肪」，變胖總是跟脂肪相關。

　　簡單介紹什麼是脂肪，以化學結構來說，脂肪就是甘油三酯，由甘油和脂肪酸組成，但更具象點來說，人們去市場可以看到的五花肉，就是含脂肪比較高的，肉眼可以看到脂肪的樣子。對人類來說，原本

脂肪就是保護自己，讓我們不怕碰撞，也提供一種基本熱能，當餓肚子或天冷時，脂肪有幫助。但過多的脂肪當然不好，不只讓外型臃腫，也帶來慢性病。

●人體 3 種脂肪

人體內有三種基本脂肪：白色脂肪、棕色脂肪跟米色脂肪，其中棕色脂肪跟米色脂肪被認為是好的脂肪，有人被稱為天生麗質，怎麼吃都不會胖，那可能就是因為她身上好的脂肪較多。

1) 白色脂肪

相對於好的脂肪，白色脂肪就是壞的脂肪。其實人體的每個器官及功能都有意義，都是人體需要的。白色脂肪主要功能為存儲能量，身體經過消化吸收後，多出來的能量就是儲存在這裡，好比每天大吃大喝，產生過多的熱能就是如此。

但這也是身體必備的功能，否則若每次消化過後各種碳水化合物或蛋白質，在身體亂竄，身體就會完蛋。

白色脂肪會被列為比較壞的脂肪，就是因為儲存過多的能量後，導致肥胖，進而導致各類慢性病，像是糖尿病、心臟病乃至癌症等等……。

不過白色脂肪也是身體瘦素的主要分泌合成源，

以這個角度來看，白色脂肪也是非常重要的。

瘦素

　　減重者，喜歡「瘦」這個字眼。瘦素，又名瘦蛋白，是一種荷爾蒙，其作用是藉由抑制食慾來調節能量平衡，並降低脂肪細胞的脂肪儲存。這是體內裡的一種重要平衡機制，若瘦素分泌失調的人，食慾會過度旺盛，形成肥胖症。

2) 棕色脂肪

　　相對於白色脂肪，棕色脂肪佔人體比率較小，大約只有不到 5%。存在於像是鎖骨、頸部、脊柱等地方，其具有大量活性熱生成素，可以快速燃燒脂肪產生熱能，是有效率的脂肪。特別是在新生兒時期，棕色脂肪很重要。

3) 米色脂肪

　　米色脂肪由白色脂肪轉化而成，大部分混在白色脂肪裡。其顯著的產熱能力，並啟動與棕色脂肪等效的強大的化學產能、代謝功效，對防止肥胖有幫助，所以減重學者們也在積極研究如何將白色脂肪轉為米

色脂肪。

基本上，運動已被證明有助於白色脂肪轉化為米色脂肪，此外，寒冷的環境也有助於白色脂肪轉為米色脂肪。

●內臟脂肪和皮下脂肪

前面依照脂肪性質分為三種，這裡我們依照脂肪堆積位置，則可以分為內臟脂肪與皮下脂肪兩種。

顧名思義，內臟脂肪附著在內臟附近，包含腹部及腸胃周遭，這些脂肪日夜保護著我們的內臟，但如果內臟脂肪指數太高，就會導致高血壓、高血脂、糖尿病等病症。

皮下脂肪，則主要位於皮膚下，其也是當我們面對外界衝撞及寒冷天氣時，作為身體的保護機制。然而，一般讓女性哀嘆的，帶來身體外觀「圓潤」效果的，也就是這些皮下脂肪。甚至若皮下脂肪過高，用手就可以握住，好比人們常說的游泳圈，就是這類皮下脂肪。相對來說，像中年男性常見的啤酒肚，則是屬於腸胃附近的脂肪，也就是內臟脂肪堆積，才讓肚子鼓起來。

整合來看，以上合成體脂肪，其占整個人體比

例約有 1/4 那麼高，時時保護我們的內臟器官。而以 1/4 比例來說，若超過這個比例，就是體脂率過高，也就是所謂的肥胖。一般成年男性，體脂率介於15~25%，女性體脂率介在 20%~30%。

體脂肪率計算方式：
體脂肪率（%）＝體脂肪的重量 (kg)÷體重 (kg)×100

對我們想要減重的人來說，追蹤自身的體脂率是必要的，也要結合醫學報告，看自己的健康狀況，例如看到自己原本高血脂的狀況減緩了，心裡也會很高興。

除了透過醫院的儀器檢測，以及自己安裝的健康監測APP，平常從外觀上就可以檢視的，一個是腰圍，一個是腰臀比。

1)腰圍

男性腰圍 >90CM，女性腰圍 >80CM，就要擔心大肚男和小腹婆問題，表示內臟脂肪過多。

2)腰臀比

用腰圍÷臀圍，若男性腰臀比例>0.9，女性>0.8，就是過胖。其實光想像那個畫面，腰部快跟臀部一樣寬，那就遠非水蛇腰，而是蟒蛇腰了。

當然，各種健康數值還是要依照實際檢測數字，不能單靠外觀。例如有一種情況，表面上看來很正常，不胖不瘦很好啊！實際檢測，體脂率數字卻已嚴重超標，像這種人稱為泡芙人。此外，也不要以為外型偏瘦就代表身體健康，渾身是肌肉的瘦跟脂肪為主的體況，還是大大不同。

小分享：什麼是「泡芙人」

　　典型泡芙人，可能看起來四肢瘦瘦的，卻都是滿滿脂肪！

　　可以用個比喻「1 公斤的鐵和 1 公斤的棉花，哪個比較重？」答案當然是一樣重。

　　但鐵跟棉花卻是差天差地。我們的身體「組成」若不對，不是肌肉為主，而是脂肪為主，那就是泡芙人。這種人外表可能看來身形不胖，但近距離看是「肉肉」的，通常這樣的人也比較容易感到疲勞。

●脂肪真心話

　　甚麼是脂肪？前面談過脂肪類別，這裡再來談脂肪組成。人類和動物身體本來就會有脂肪組織，脂肪是室溫下呈固態的油脂，這也是對人體的一種保護，

脂肪太多太少都不行，太多會變成人們說自己太胖那身體過多的油脂，太少也會帶來賀爾蒙失調、便秘等狀況。

脂肪主要成分：三酸甘油脂，由脂肪酸核甘油所組成。其中脂肪酸又可分為1) 飽和脂肪酸，也就是所謂壞的脂肪酸，例如豬油、牛油、椰子油、棕櫚油等，攝取過多飽和脂肪酸，容易罹患三高（高血脂、高血糖、高血壓），帶來心肺動脈阻塞，吃多了絕對對健康不好。

2)不飽和脂肪酸，就是相對地被稱為好的油脂，其又分為單元不飽和脂肪酸以及多元不飽和脂肪酸，不過其中的不飽和脂肪酸，裡頭的的油脂在氫化過程中，脂肪的結構會改變成為反式脂肪，若攝取過多反式脂肪，會增加心血管疾病的風險。

在營養學上會以 Omega 來代表脂肪酸，小寫 ω。

Omega-3 脂肪酸，為人體所必需，多含於亞麻籽油、亞麻油、深海魚油、印加果油、蛋黃油、磷蝦油等，其含有 EPA 及 DHA，有健腦抗發炎作用，若 Omega-3 脂肪酸不足，會影響記憶力和思維力，跟老年人產生老年痴呆症有關。

Omega-6 脂肪酸也是一種人體健康所必需，其

和 Omega-3 脂肪酸一般都是人體無法自行合成的。Omega-6 脂肪酸需透過食物來攝取,例如玉米油,花生油、葵花籽油,過量促進發炎及過敏反應,同時會降低 LDL 和 HDL。

Omega-9,是單元不飽和脂肪酸,可在橄欖油、酪梨油、苦茶油中找到,其有助降低膽固醇及 LDL (低密度膽固醇),對健康有幫助。

ω6: ω3,最佳比例是 4:1 ,或者越低越好,直接食用 ω3 也是可以,現在飲食經常是 10:1 甚至 30:1,這導致發炎反應,罹患疾病、血栓、肥胖、癌症等,這令人不可忽視的反式脂肪,真的是減重的頭號殺手。

2018 年七月衛福部也發布規定,食品標示中必須包含反式脂肪,避免消費者購買時攝取過量。

哪些是含有反式脂肪的食物?

其實都是生活中常見的,像是外表看起來香酥脆,如油炸物、炸薯條、炸雞、鹹酥雞、甜甜圈等。其他像是洋芋片跟泡麵也屬此類。

此外像是奶精、西點、烘烤的麵包、烘培用的油製品,還有白油、硬化油、酥油、蛋黃酥等,像酥油是一種反式脂肪氫化物。

認識自己體內的賀爾蒙

想要減重瘦身，規律的運動及控制飲食自然是最重要的部分，但是在我們的身體內部，賀爾蒙也相當重要。我們一起來了解這些影響減脂瘦身的荷爾蒙，讓妳更懂得如何擺脫惱人脂肪，輕鬆減重瘦身！

●生長激素

這是一種可以促進人體發育以及細胞增殖的賀爾蒙，人體只有在睡眠時會分泌生長激素，並且是在剛睡著進入深層睡眠的 15 分鐘，一次全部分泌出來。若過了深夜三點，就算睡覺也不會分泌，所以專家都不鼓勵人們經常熬夜。

對成年人來說，生長激素可以修補全身的器官組織、肌肉、骨骼，如果沒有生長激素，也就是全身少了這些「修補工」，隨著年紀增長，身體狀況就會快速變糟。

因為有修復功能，生長激素跟減重有關，因為我們要追求的是健康的減重。生長激素可以強化我們肌肉能力，也能加強骨質密度。並且讓細胞再生活化，修復疲勞身體，排除老舊角質。

對於減重者來說，很重要的一點，生長激素可以幫助分解、燃燒脂肪。所以愛美的女子，想減重盡量

保持良好作息，不要再熬夜追劇了，寶貴的生長激素，就在睡眠中誕生。

●皮質醇

提起皮質醇，一個關鍵字眼就是「老化」，大家都希望延緩老化吧？

皮質醇是腎上腺分泌的賀爾蒙，因為在應付壓力中扮演重要角色，故又被稱為「壓力荷爾蒙」。一個正常二十多歲的女性，每天會製造少量十五～二十五毫克的皮質醇，但隨著年紀越大，皮質醇值會升高。

當皮質醇過高會導致很多疾病，會讓血糖過度升高，並加速老化。所以長輩不是總是鼓勵年輕人，放輕鬆，樂活生活才能長壽？那是因為放輕鬆就代表壓力小，壓力直接影響皮質醇的分泌，自然減緩老化速度。

此外既然提起壓力，許多人肥胖的原因之一，就是因為壓力太大，導致暴飲暴食，因此，控制壓力也就跟減重密切相關。

●睪酮素

睪脂酮是一種類固醇激素，由男性的睪丸或女性的卵巢分泌，腎上腺亦分泌少量睪酮，雖然對男性影

響比較大，但其實對男女性都有影響。主要在健康方面，不只跟增強性慾有關，也跟增強免疫力以及對抗骨質疏鬆症等有關。

特別跟減重有關的，睪酮素可以促進肌肉強度，若能搭配日常生活中的減重訓練，在原本藉由訓練刺激肌肉生長時，加上足夠的蛋白質、碳水化合物與脂肪，此時睪酮素更有助於加強訓練的結果。

●胰島素

胰島素是人體胰臟分泌的一種蛋白質激素，是人體重要的合成性荷爾蒙，主要的功用是調節體內的血糖，避免高血糖傷害身體。

跟減重直接相關的，一個人若平常用餐攝取了大量醣類時，例如白米飯，血糖值會突然急速上升。血糖值一旦急速上升，身體就得分泌大量胰島素，因為胰島素是唯一能降低血糖值的荷爾蒙。以現代人的飲食習慣來說，基本上醣類食物已經算是攝取過量。

胰島素把卡路里轉換成脂肪，再怎麼低熱量的食物，也會成為體脂肪。因此在減重的過程中，過多的胰島素，會引發生理反應。胰島素會帶來飢餓感，讓人想要吃下更多的碳水化合物，但當妳吃下碳水化合

物，血糖升高，胰島素增加，燃燒的是糖分，而不是脂肪，讓人覺得怎麼越來越胖。

所以整體來說，瘦身成功關鍵就在胰島素，為什麼有的人可以吃得豐盛，但卻比較不會變胖，有的人「只」吃很平常的米飯三餐，卻依然身體逐步變形？

重點就是吃的內容，而非吃的份量。重質不重量，當我們飲食沒有控制胰島素，那體重就降不下來。

●褪黑激素

褪黑激素是一種調節生物鐘的激素，影響一個人的包括睡眠、血壓調節和季節性繁殖。其分泌會因日夜週期所調控，基本上夜晚時，分泌量會上升；白天光線充足時，分泌量則下降。

因為攸關睡眠，也進而影響一個人身體修復，乃至於老化速度，這也間接跟我們人體免疫力有關。刺激褪黑激素的方法，最有效的就是保持正常且充足的睡眠，此外，白天多照射陽光，也有助於夜晚褪黑激素分泌。

對於減重者來說，褪黑激素有助於降低脂肪，且因為提升代謝率，亦有助於肌肉成長。

LESSON **6** 飲食：吃得營養又健康

　　減重，當然跟飲食有密切關係，前面幾章先談了基本心態和觀念，這裡再來談飲食，因為飲食本就是人們生存的基本需求，重點不在飲食多寡，而在於觀念正確下，正確的飲食。

　　要想藉由飲食改變體態，**養成習慣看熱量標示，是控制熱量的第一步。**

　　其實現代人要控制飲食很方便，因為大部分的飲食包裝，都會有熱量的標示，也會有食物的內含成分。當然，大部分時候，人們不會去看包裝上的字句，但對於有志減重的人說，這件事是必要的，搭配熱量數字，讓我們對食物是否帶來身體過多熱量提高警覺性，這也是我們自己保護自己的第一道防線。

　　飲食習慣跟隨我們一輩子，不僅會反映在外表與體態上，是長期影響健康的重要因素，建立正確的飲食觀念，才是維持身體健康與體態的根本之道。

　　讓我們從認識食物本身開始，先來認識營養素。

三大營養素有哪些？

要瘦身，一定要了解我們每天飲食的成分。

飲食的成分當然包含多樣，先來談談三大主要營養素：碳水化合物、蛋白質和脂肪。也就是說，沒有這三種營養素，會影響人們生存。

如同前面章節也強調過的，食物及營養素的吸收，質比量更重要。

食物不同，身體的代謝方式也不同，舉例來說，同樣是 100 卡路里，明顯地，100 卡路里的巧克力碎片餅乾，比起 100 卡路里的綠色蔬菜，更會讓人發胖。再比如同樣是純粹油脂，初榨橄欖油跟全是反式脂肪的人造奶油，對我們身體造成的反應也完全不同。

那麼如何了解食物的「質」呢？對減重者來說，會想要知道怎樣減重飲食最有效果？怎樣的食物才會有助長肌肉而非光長脂肪？

具體來說，就是每日飲食中，蛋白質、脂肪、碳水化合物，該怎樣比例分配？

關於營養的學問，三天三夜也講不完，一姐這裡挑選三大主要的營養素做介紹。

一、蛋白質

蛋白質由胺基酸所組成，人體所有的器官都需要蛋白質，其對人體重要功能是修補組織以及調節生理機能，例如毛髮生長、肌肉修補、賀爾蒙調節，形成免疫球蛋白對抗發炎等，都跟蛋白質有關。

蛋白質是主要熱量來源，每一公克產生四大卡熱量，建議每天攝取占總熱量 20%，在低醣飲食中，攝取量提高。

蛋白質屬於低 GI 飲食，比醣類不容易轉換成脂肪堆積，可利用高蛋白減重，把一天攝取量以每公斤 1.5~2.2 克。以 50 公斤重的成人來說，每天需要 75~110g 的蛋白質。

動物性蛋白質：例如魚肉、雞肉、牛肉、羊肉還有牛奶。

植物性蛋白質；例如大豆、毛豆、奇亞籽，包含各類豆類製品，還有無糖豆漿也是。

二、醣類

也稱碳水化合物，包含單醣、雙醣和多醣，米字的「糖」含果糖、砂糖。

醣類主要提供身體所需的能量，1 公克產生 4 大卡的熱量，攝取過多的醣，會轉變成肝醣和脂肪，儲

存於身體中，轉變成體脂肪，造成肥胖。

飲食中的醣類不能少，但份量要搭配得宜。

建議採用低醣飲食，降低醣類食物攝取量，主要可以控制血糖，防止脂肪的堆積達到減量的效果。

一般每天攝取量 50~150g 的醣類，依照個人飲食習慣不同，可依據自己的需求做調整。低醣飲食後面章節會另外介紹。

三、脂肪

脂肪主要提供身體所必需的胺基酸，幫助油脂性維生素吸收，藉以提供人體所需的熱量。

1 公克脂肪可產生 9 大卡熱量，提供身體能量和保護體內器官，免受震盪撞擊傷害。

脂肪攝取過多會轉變成身體的脂肪，造成肥胖，導致心血管相關疾病。

小叮嚀：減少糖和精緻穀物

攝取未加工食品是比較可取的辦法，但基於很多理由，不見得百分之百做得到。因此，從源頭去了解，為何選擇這些食物對身體比較不好，因為其營養成分是甚麼，了解了，內心就比較願意避開它們。

減重營養均衡的基本原則；

1. 攝取未加工的全天然食物

2. 避開糖

3. 避開精緻（化）的穀物

4. 攝取富含天然油脂的飲食

5.168 斷食法

6. 計算卡路里

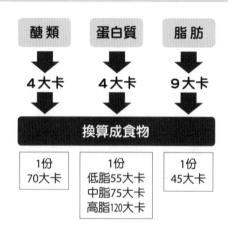

▎一天總消耗熱量

營養學是個很專業的學問，但如果純以簡單易懂的簡化概念來說明，一個人每天吸收多少的營養及熱量，可以化為每日運動的能量，扣掉每日消耗的能

量，剩下的就是多餘能量，若長期累積在體內，就會造成肥胖。

在此，每日消耗的能量這件事很重要，例如假定一個人總是大吃大喝，但又好吃懶做不運動，可想而知熱量吸收多而一天下來又沒消耗多少能量，當然越來越臃腫。

減重時一個重要數據叫做 TDEE（Total Daily Energy Expenditure），指的就是我們一天總消耗熱量。這數值來自於：基礎代謝率加上一天所做活動消耗的熱量，TDEE 數字一定會大於基礎代謝率。TDEE 可以透過基礎代謝率 BMR 與每日總消耗熱量 TDEE 計算器這樣的工具，做基本運算。

在使用工具之前，先進行食物熱量小教室：

在運動醫學中常使用卡路里來當作能量單位，1 大卡的定義是讓 1 公升的水上升攝氏 1 度的熱量。

1 克蛋白質可產生 4 大卡的熱量

1 克碳水化合物可產生 4 大卡的熱量

1 克脂肪可產生 9 大卡的熱量

根據不同營養素的組合跟算出來的結果，挑選食物吃，才可以有效達到自己的目標。

正確飲食觀念

●不要被食物綁架了

當有一天，妳可以「自由」選擇吃或不吃食物的時候，妳就成功了。

例如一姐可能會在肚子餓的時候，經過香噴噴的麵包店，受不了誘惑，就進去買塊麵包大快朵頤，這就是被食物綁架。而經過幾次試煉之後，現在的我，每次看到麵包，會先看看其標示的卡路里，由於麵包是經過加工的精緻食物，一個最少卡路里在 300 大卡以上。想想，同樣是 300 大卡，我可以吃到好多其他更美味營養的食物，如此就會做選擇，放下麵包，等著來品嘗下一餐真正美味的佳餚。

請落實：肚子餓才吃，肚子不餓就不要吃，不要為了想吃而吃。

●重質不重量

如果減重還是採用幾碗公幾碗公的計算，這樣子會越吃越多而已。建議可以採中式餐西式化：餐點要用盤子定量裝餐，改用小碗吃不要用大碗吃，用碗吃飯難預估份量，固定一個盤最好，也可以用固定餐盤更好（除非每道菜都會先秤重量）

飲食控制≠食材單調無趣！刻板印象都會認為，減重餐好難吃，或是不知道要吃什麼食物；一姐後面會分享自己的減重餐，教妳吃對的食物，減脂減重，好吃又不擔心復胖！

小分享：卡路里限制法

將飲食充分涵蓋蛋白質、脂肪、碳水化合物、維生素、礦物質五大營養素，並且將飲食所需要的卡路里，限制在每天生存所必須的卡路里的 80％ 左右。

如果妳經常外食，卡路里攝取過多，不妨試著採用卡路里限制法。

除了五大營養素的平衡，一日三餐的攝取也要注意吃 7、8 分飽就好。

●減醣再搭配 16：8 飲食

減糖，就是注意不要吃太多含醣食物，有人可能以為，含醣食物就是米飯、麵包或精緻甜點，其實遠不只如此，包括馬鈴薯、水果跟牛奶，看起來都是健康飲食，但其實也都有含醣。所以在做減醣飲食控制時，還是要如同一姐不斷強調的要做帳，記錄下每餐的飲食，方便進一步調控。

減醣，可以搭配 16：8 飲食，也就是 16 個小時禁食，8 小時進食！而所謂進食期間，也都在減醣：例如妳第一餐在中午 12 點吃，那以 16：8 定理來說，有 8 小時時間你可以用餐，亦即由 12 點起算到晚上 8 點之間，這 8 小時內你可以吃東西，但 8 點以後你就得禁食 16 小時了，而在可以用餐期間，當然也要均衡飲食，不能大魚大肉吃速食之類的。另外，還有一個規定，那就是睡前四小時不能吃東西，所以假定你 16：8 的那 8 小時，是由中午 12 點到晚上 8 點，那你入睡時間就是深夜 12 點，若你 11 點就想上床入睡，那最晚在晚上 7 點就不能用餐。

　　如果一開始不希望這麼嚴苛，建議先從 12、12 開始訓練，也就是晚餐結束後，要隔十二小時才能再進餐。之後循序漸進朝 16：8 邁進。一姐最長可以斷食 43 小時。

　　吃過大餐後，這樣小小斷食不會影響生活日常，上班運動都沒問題。有人說不吃飯沒體力工作，多半都是心理作用。

　　我們從小就被灌輸一天三餐，或是少量多餐這種觀念。網路上也都把他講的很恐怖，好像少吃一餐妳就會肌肉萎縮，好像沒有定時吃三餐妳就會神經錯亂什麼的？其實根本不是如此，就算一天兩餐也很

ok！

●減重需要飲食控制，七分靠飲食三分靠運動，
需要吃對以免傷身。

在不做斷食的情況下，依然可以減重，但真的要
做到完美控制。

最好的減重飲食是一天以三餐為基準

飲食原則

第一餐（早餐）吃得好

第二餐（午餐）吃得飽

第三餐（晚餐）吃得少

飯前先來一杯溫水、餐食7、8分飽即可，每天堅
持健康飲食、運動、規律作息，可以維持好的機能代
謝，這是減重的不二法門。

小分享：降低卡路里五吃法

　1. 小盤分食，份量控制

　2. 小口慢食，細嚼慢嚥

　3. 不過度烹調，不加過多調味料

　4. 澱粉最後吃，延緩血糖上升

　5. 飯後甜點以水果取代精緻糕餅

● 減重只是為了讓自己更好

體重過重會引發身體慢性發炎，當體內堆積過量的發炎物質，會導致細胞的破壞，最終細胞不正常增生而產生癌症。

為了避免癌症風險，就要盡量做到讓身體不要發炎，歸根究柢，適度控制體重是一項不可忽視的功課。

體重控制標準，可參考 BMI 值：

BMI = 體重(kg) ÷ 身高^2(m^2)

國民健康署表示，世界衛生組織建議以身體質量指數（Body Mass Index, BMI）來衡量肥胖程度，BMI 的計算方式為「體重（公斤）÷ 身高（公尺）÷ 身高（公尺）」，男人女人計算公式都是一樣的，我國 18 歲以上成人體位依 BMI 分為：

過輕(BMI<18.5)、健康體重(18.5≤BMI<24)、過重(24≤BMI<27)及肥胖(BMI≥27)

飲食，妳要小心的地雷

1.水餃、包子、餛飩、小籠包、水煎包、丸子、鍋貼

看起來有澱粉、有肉、有蔬菜，而且份量不多，

其實暗藏許多看不見的油脂，容易導致肥胖。

　　以水餃來說：水餃皮是由麵粉製作而成，所以水餃一定會有醣質，1/4 碗飯 = 1/4 饅頭 = 2 張春捲皮 = 4 張水餃皮 = 7 張餛飩皮 = 2 片蘇打餅（大）= 10 粒小湯圓。內餡通常會選擇肥絞肉做為內餡，所以導致一顆水餃的油脂就佔了整體的41%。

　　以高麗菜水餃來說，一顆大約 50~60 大卡，一餐下來如果吃 10 顆，就將近 600 大卡，等於一個大便當。

　　煎餃還用油、粉水加工過，一顆 70 大卡，一餐下來如果吃 10 顆，就超過 700 大卡，跟一個炸雞腿便當不相上下。

　　小籠包每顆 120 大卡，一籠 6 顆就 720 大卡。

2.這個醬熱量更恐怖，為何「瘦」不下來？

常見的醬──就是「油」。

*沙茶醬

*沙拉醬（千島醬、美乃滋、凱薩醬）

*瑪琪琳（乳瑪琳、人造奶油）

　　沙拉醬（美乃滋）是用沙拉油、糖 、蛋、水、醋、鹽調製而成，50 克 320 大卡，千島醬，每 50 公克也超過 250 大卡，另外凱薩醬也有 150 多大卡，共

同點都用大量沙拉油和糖製成。

沙茶醬用黃豆油、魚干、蒜頭、蔥乾、椰子粉、芝麻、辣椒粉、薑、赤尾青、鹽、五香粉、胡椒製成，50 克 351 大卡。

辣椒醬 50 克／50 大卡

甜辣醬 50 克／61.2 大卡

牛排醬 50 克／72 大卡

瑪琪琳 50 克／378 大卡

花生醬 50 克／297 大卡

3.勾芡食物──羹麵、燴飯、濃湯等餐點

高湯＋勾芡讓湯汁融入在飯、麵裡，讓湯汁濃稠，增加食物的口感，滑順好入口。勾芡的材料不外乎太白粉（樹薯粉），屬於澱粉高 GI 食物，容易使血糖上升，糖尿病患者不宜多吃。勾芡後食物熱量也比較高，容易造成肥胖，減重者淺嚐即可。

牛肉燴飯 熱量約 850 大卡／花枝炒麵 約 750 大卡

炒麵和燴飯一樣使用了大量的油和勾芡醬汁，油脂含量約2湯匙。

蚵仔煎／約500大卡

蚵仔煎雖然是油煎食物，但油含量和澱粉量不可

小看。

蚵仔麵線／約420大卡

不要小看一小碗稀稀疏疏的麵線，勾芡食物的澱粉量和熱量都很驚人。

4.鮮果汁

喝蔬果汁不等於吃蔬菜、水果哦！

一般市售鮮果汁往往都是濃縮的還原汁，算是濃縮果汁，容易造成血糖上升，又沒辦法獲取纖維質，減重者不建議飲用。

天然的蔬果最好，可以增進口腹之慾，還有滿滿的纖維職和營養素。

小分享：簡單方法可以避免油脂

遠離油炸食物像是洋芋片和薯條。 使用不沾鍋。

炒菜不用傳統式的油炒法，改用水炒法，也就是用水或利用碎肉末爆出油脂來炒菜。

炒菜放油時，不要直接用罐子把油倒出來，請考慮改用油脂噴霧器來噴灑微量的油脂。

●健康食品的陷阱

小心以下零食背後暗藏的減重陷阱：

＊高纖餅乾：

添加物過多、熱量高，三包餅乾就等於一碗飯的熱量。

＊水果乾：

加工過程導致營養素流失。

（建議替代食物——新鮮水果，既有飽足感還有豐富的維生素及礦物質。）

＊蒟蒻條：

添加物過多、鈉含量過高。

（建議替代食物：海苔）

●吃飽的定義是甚麼？

依照所有生物原本的有機設定，吸收養分是為了要生存，因為要有能量生物才能行動，然而大自然有些環境很殘酷，不一定經常都有食物來源，因此當有食物取用時，可能會多多進餐，把多餘的能量保存著。而身體的設計，也會時時處在準備吸收熱量的情況，好讓「主人」知道必須進食，例如我們的大腦告訴我們，好想吃東西，趕快進食吧！

但身體真的缺乏熱量嗎？也許在原始人的時代或

者戰亂民不聊生時代是如此，但現代人早已營養過剩，而身體的設計，依然會時時告訴我們，要多多進食。所以那些吃到飽的餐廳，人們都可以吃到肚子鼓鼓的，還是想再去端一盤甜點。

關於吃飽這件事，妳應該知道的：

1) 不一定肚子餓，才會想吃東西

妳是不是覺得，當妳「心情不好」的時候，或者明天要交報告，今天壓力很大的時候，妳會特別感到飢餓？

人體感受到壓力的時候，就會分泌「飢餓素」，而這種荷爾蒙會讓人覺得有飢餓感。而人們長期生活也養成習慣：人家就是難過嘛！想多吃一點犯法嗎？

所以許多人吃東西，已經跟人體自身正常的營養吸收需求無關，而是心理層面需求。

2) 過量食物導致嗜睡

有的人會被取笑說：「只會吃飽睡，睡飽吃，吃飽又睡，真幸福。」

實務上，吃了就想睡，其實一點也不幸福，會帶來身體後遺症。吃飽會想睡，跟升糖指數提高有關，避免的方法是，不要吃過量的食物，並且吃飯的速度要放緩，不要狼吞虎嚥。

3) 睡不好會想吃東西

吃太飽會想睡，反過來說，沒睡好又會想吃東西。前一章我們曾介紹過身體內有種瘦素，會控制食慾，而飢餓素則會讓人想吃東西。當一個人睡不好時，因為身體沒得到適當休養，覺得有所匱乏，飢餓素就會上升，這樣就會很想要吃高熱量的東西。

4) 要多喝水

當人體缺水的時候，會放出需要水的訊息，這會造成空腹的錯覺，有的人明明吃過正餐了，還會忍不住想要吃零食。

建議平常還是要多喝水，在腹裡有足夠水分時，也比較不會喊餓。（同理，有些人去吃大餐，會被建議一開始不要猛灌飲料，否則很快肚子就會塞不下東西，以吃到飽計費來說，就不划算了。）

當然，獲取能量是生命存活的方式，當肚子喊餓時，也不能一味地當成那是「假消息」，最好還是平日就做好減重計畫，按表操課，那樣怎樣吃都在計畫內，就不會有問題。

LESSON 1 觀念：關於飲食的正確思維

在這個時代，無論在餐廳或自己家，到處充斥著高卡路里的食物，一不小心就會吃太多。要減重，必須注意飲食不要精緻化。

我們要規劃並重新檢討生活習慣，特別是經過與專業減重規畫師討論過後所做的調整與改變，更能落實減重計畫的成果。

想要告別「米其林」身材嗎？不是指米其林餐廳標準的身材，而是指像米其林輪胎廣告代言人那樣的身材。誰都不想要身材看起來有一圈圈輪胎吧？

現在開始改變還來得及，想加入減重行列就先從改變飲食開始。但一姐強調的是，吃飽吃好也能減重，哪有人家說必須靠餓肚子才能減重？

如果吃錯食物，或者吃的時間點不對，即使計算起來，一天飲食沒超過卡路里，但體重還是會上升。相對地，若吃對食物，抓對時間點，和卡路里的份量，體重是會下降。

怎麼做呢？以下一一來分享。

學會控制飲食

想要減重減脂，成功的關鍵有 70% 來自於「飲食控制」！

關於「吃」的這件事情，要如何成為改變體態的助力，最重要的，是找出哪一種食物最適合妳，而且可以長久執行都不擔心發胖。

以下來分享一些關於飲食的思維。

●健康飲食五要項

第一項：減醣，不吃高醣飲食或者減半就好。

第二項：飲料只喝白開水或者無糖飲品。

第三項：飲食順序為：

1. 每餐先喝溫開水→ 2. 吃蛋白質（容易飽）3. 再吃綠色蔬菜與不甜水果，不吃油炸的食物與甜品。

第四項：隨時隨地運動，一天累積走到一萬步（約 8 公里，共 1.5 小時）

第五項：記錄體重變化，掌握身體狀態。

要是妳沒有把握可否達成，就照往常的生活習慣一樣，從某一週的週六開始，看看以下的生活習慣的大約數據，每天一早量一下體重，準備開始減重。

●為什麼現在的人都在減醣？

一般人建議每人每日攝取的碳水化合物應佔總攝

取熱量的 50 至 60％，減醣是現在減重者或糖尿病患者，每天需要控制糖分的一個方式，每餐最好不超過 40g 碳水化合物，一天三餐 120g 碳水化合物量。

常有人問一姐，妳怎麼瘦的，有什麼方法？可以不用運動就可瘦？靠吃就可減重嗎？

是的，就算吃東西也可以減重。當然，我還是強調，運動很重要啦！

關於吃的方面，瘦身最大禁忌就是忍耐餓。想想，人活著為何要那麼痛苦，真正肚子餓還不能吃東西？畢竟生活比起外表美麗還重要，追求美麗卻得餓肚子，那是本末倒置。何況，**一直忍耐，反倒後來真正吃東西，會大吃大喝，把之前餓肚子時所流失的熱量一次補回還超過，這樣怎麼會瘦？**

相對來說，不要餓肚子，但選擇吃不要導致肥胖的食物，這比較實際。所以減醣餐盛行，因為減醣既可以飽足也不會導致堆積過多脂肪。

小分享：邊看手機追劇，或邊看電視邊吃飯?

將注意力放在電視或手機等食物本身以外的事物，會變成感受不到吃東西的實際行為。這樣將注意力放在其他事物，將抑制飽食中樞的作用，而不知不覺吃進過多的餐點。養成用餐時專注在食物的習慣吧！這樣也可滿足視覺與味覺的享受。

●調整飲食習慣，減少澱粉的攝取

為了減醣，所以就完全避開含醣飲食嗎？事實上不可能，也沒必要。畢竟，人體依然需要補充醣類。

減重也需要吃澱粉，但什麼時候吃呢？一姐強調的：早餐或中餐才可以吃澱粉，澱粉的攝取量是餐盤中1/4~1/2的份量。其他份量就由肉類和蔬菜來增加飽足感，將三餐吃好又吃飽，邪惡食物才不會容易趁虛而入。

此外，做到中式餐西式化，餐點要用盤子定量裝餐，用小碗吃不要用大碗吃，用碗吃飯難預估份量（除非每道菜都會先秤重量）

大餐後微輕食，體重也能持續下降。

●不是忍著不吃就好

喜歡美食是天性，一味忍耐並無意義。比如說糙米很好，糙米是能夠增加因內臟脂肪變多而相對減少的瘦身荷爾蒙，人體的運作的機能依舊渴望碳水化合物，一旦沒有攝取，反而更想吃。

與其去吃麵包或拉麵等用麵粉製成的食物，米飯反倒是更好的選擇。有些人明明很想吃白米卻要勉強改吃糙米，這種做法不好，到有一天忍耐到極限，反而帶來反撲，結果是暴飲暴食。

減重不需要勉強吃不喜歡的食物。

●規律飲食

每餐應該規律吃、依照順序吃（蛋白質、蔬菜、澱粉）。當空腹時，若忽然大量攝取碳水化合物，導致胰臟分泌胰島素，血糖值忽然上升，會陷入惡性循環。

主菜要以蛋白質營養素優先，不只是肉類，像魚類、豆腐、蛋等等。要遵守「蛋白質優先、醣類最後」的順序，這樣可以提高用餐的滿足感，預防自己過度飲食。

高蛋白飲食可以讓人順利瘦身，不受空腹感的威脅。透過增加肉類攝取量提升飽足感，可帶來明顯的效果。但也不能不吃蔬菜和碳水化合物，還是需要均衡攝取。

●無油是王道

在家自己煮的餐就是健康？不見得喔！還是要看烹飪方式。

一姐習慣以無油方式烹煮，但一定有人說無油好吃嗎？就像水煮一樣？怎麼可以不吃油？

其實外面餐飲充斥著高卡路里飲食，例如對上班族來說，可能日積月累餐餐外食，導致體脂肪升高。

我們從外食吃進去的油已經夠多了，而且食物本身就有油脂，所以在家不吃油也沒關係，對日常生活是沒有影響的。

一姐利用食物的特性，不用額外添加負擔的調味料，把減重餐變成家常菜、宴客菜，減重餐也要吃好和好吃，全家可以一起享用。

●認識GI值

升糖指數（Glycemic Index，GI）又稱糖生指數。

係指進食後血糖值升高值與葡萄糖的比例，定義是以食用純葡萄糖 100 公克後 2 小時內血糖增加值為基準值，以此定義 GI 值為 100，GI 值愈高，飯後血糖愈高，血液中胰島素的濃度愈高。

升糖指數越高的食物，食用後越容易使血糖升高，胰臟釋出胰島素，促使胰島素分泌增加，關鍵是胰島素會使脂肪細胞優先將血液中的脂肪、糖囤積。

食物當中的醣類，被人體消化代謝後反應在血糖變化的速度，GI 值越高，代表食用後使血糖上升的速度越快，而這個速度就是升糖指數，可簡單分為低GI 食物（55 以下）、中 GI 食物（55~70）、高 GI（70以上）3 種類別。

☆**高GI 食物：**

白飯、米漿、烏龍麵、白吐司、法國麵包、馬鈴薯、米糕、鬆餅、蛋糕、可樂、冰糖、西瓜。

☆ **中GI 食物：**

糙米、義大利麵、燕麥、冬粉、全麥麵包、乳酪。

☆ **低GI 食物：**

五穀雜糧、蔬菜、肉類、芭樂、番茄。

●**高GI值低GI值對人體影響**

高 GI 食物會導致飯後血糖迅速飆升，迫使胰臟分泌大量胰島素，造成胰島素過高。

高 GI →血糖高→胰島素高→囤積脂肪→肥胖

低 GI 食物轉化釋放葡萄糖的速度比較慢、血糖自然比較慢及穩定。

低 GI →血糖平穩→健康→減重

採用低 GI 飲食應避開 GI 值 70 以上

a. 一般定義 GI 值 70 以上為高 GI 值食物

b. GI 值 55 以下為低 GI 值食物

同一種食物的升糖指數並非絕對，它會受到食物

烹調的方法而改變。

☆ 高GI 飲食對人體的影響

1. 會影響消化過程，血糖在短時間內迅速飆高，增加胰島素分泌，容易引發飢餓感並刺激食慾，導致囤積脂肪，造成肥胖。

2. 血糖快速飆升，間接影響高血壓的發生，產生心血管疾病。

3. 導致肥胖

4. 胰島素長期過度分泌，會提高糖尿病、還有罹患癌症的風險。

☆ 低GI飲食對人體影響

1. 可避免血糖上升過快，控制血糖，預防慢性病發生。

2. 提升飽足感，不容易挨餓。

3. 降低心血管疾病風險

4. 降低血脂改善膽固醇

5. 提升記憶力

6. 減重

☆如何避開高GI 食物的方法？

* 選擇纖維質含量高的食物（蔬菜）
* 挑選低 GI 類食物
* 吃原型食物
* 烹飪以水煮、清蒸、無油料理為主
* 烹飪時間不要太久

▎落實現在風行的低醣飲食餐

大家問我為什麼減重還可以吃大餐吃得那麼好呢？

我很肯定的告訴大家，吃好又能減重，這當然是可以做到的，而且要把減重餐變成家常菜，讓想減重減脂或者想要維持體重的人吃得更健康。

其實我也是一個很平凡的上班族，常常要應酬吃飯，只是把減重這段日子的生活日記和心得與方法和親身經歷的過程分享給大家而已。

在我減重的過程中，減重真的可以不必那麼痛苦，不必那麼悲壯，只要生活習慣能做一些調整，就能穩定長久地瘦下來。

一姐能做得到，相信妳當然也可以做得到。這裡也分享幾個低醣飲食的要點：

●湯品的挑選

市售現成的湯要注意，有些製造商會在湯裡添加

過多的鹽巴和糖，妳應該挑選低鈉低糖品牌。

●要學習看標籤

因為我們很容易忽略了罐裝食品裡面的脂肪和糖分比。

上面如果有寫著 6 克脂肪，妳可能以為那代表那罐有 6 克，但其實是「一份」有 6 克，要注意一份產品的脂肪量不能超過 2~3 克，糖 6 克是一份有 6 克的糖，一份產品的糖要低於 3 克，雖然為此，會花妳一點時間尋找適合的食品，但這過程絕對是值得的！

●簡單的方法可以避免油脂：

1) 遠離油炸類食物，例如洋芋片、薯條。

2) 改變烹調的方式，就可以減少油脂的用量。

3) 在烹調時使用不沾鍋

●烹調注意事項：

1) 食物本身就有油脂，烹調的時候只需將香料切細切碎有助於釋放香氣

2) 煎魚直接下鍋煎，然後使用的油不要再倒出來，可以留下來炒菜

3) 炒菜不用傳統的油炒法，改用水。也就是用水或其他液體來炒菜

●喝咖啡不要加奶精

●乳製品改用非乳製品或者是無糖豆漿替代

看清楚包裝上的標籤，選擇產品要符合下列原則：在產品上每一份量裡脂肪要不要超過 2~3 克，或脂肪占產品熱量來源的百分之 10 以下。

小分享：乳製品的替代品

無糖豆漿最好，最好是選擇脂肪和糖分最少的品牌。現在強化鈣質的果汁也已出現在市面上。當然，這些所有的飲品和果汁並不是非喝不可，因為其實在斷奶後，我們生理上唯一需要的飲料是水。不是蘇打飲料，不是果汁，也不是牛奶，只要純水就夠了。

●選對無醣的食品

如何吃進蛋白質，又不用擔心熱量超標，怎麼吃就是不會胖？

例如無油漢堡夾蛋和燒肉花生堡夾蛋，一樣漢堡餐，不同的烹飪方式，熱量大不同。

無糖豆漿不含糖且含有高蛋白質、標準低胰島素飲食，絕對耐餓。

只要吃對東西，減重一樣可以吃好又好吃。

如何正確喝水

「多喝水沒事，沒事多喝水」是大家耳熟能詳的一句廣告台詞。

但妳真的懂喝水嗎？這時一定有人想說這什麼蠢問題？喝水有什麼難的啊?!

其實喝水真的有學問。

人類可以 10 天不吃飯，但只要 3 天不喝水，恐怕就真的要成仙了。

水分是維持人體運作的重要條件，水可以將養份運送到細胞、讓身體新陳代謝系統運轉，各種身體廢棄物都有賴水分來排出、水還能協助人體調節體溫。

水很重要，喝水的方式也要正確。

正確的喝水方式：

1) 少量多次補水，每次飲水量不建議超過 300cc。

2) 在一小時內的飲水量不要超過 1000cc。

3) 每日起床空腹時，也可以喝一杯 300cc 的室溫水（溫開水），有助於促進腸胃蠕動、預防便秘！

一姐常跑外面，出門前會把一天的水量裝好裝滿，開車沒事就喝水，回到家自然水瓶就空空。我通

常會拿 600cc 的礦泉水放 4 瓶，今天就要把它喝完慢慢喝，開車時或者想到就喝，唯一缺點會常常上廁所。

喝水助減重?!真的嗎？喝水減重不是夢！只要喝對方法跟時間，有效減脂還能快速減重～

小分享：多喝水的方法

容器馬克杯 300cc 為一杯。早上起床一杯、三餐飯前各一杯、兩餐之間再一杯、隨便再加一杯，這樣一天就 7 杯。

妳今天喝水了嗎？

減重是一時的，享瘦是一輩子的事。

當隨意的瘦子，不要當過度在意的胖子，先決定自己能吃的食物，更有助於成功減重。

LESSON **8** 生活：理想的三餐

　　食物勒索就像情緒勒索一樣，我們不要被其他事物所控制了妳的思緒：美味的食物在面前，妳可以選擇吃或不吃，而不是看到食物就想吃，這是不一樣的，前者的控制權在於妳，後者的控制權在於食物，真的就像情緒被勒索一樣。

　　減重是長時間的抗戰，並非是短暫的一星期一個月兩個月的事，要如何持之以恆？讓我們既享受美食也照顧健康與瘦身。

▍理想三餐基本介紹

　　理想的減重，大家必問的問題：三餐怎麼吃才會瘦？

　　這裡分享「不挨餓、不復胖」三餐飲食秘訣。

　　原來三餐的「進食順序」超級重要！先喝一杯溫水，蛋白質先吃、再來吃菜配飯吃，最後水果。

　　現代人為了減重經常習慣性的節食，但減重的成效往往不如預期，反而因為不正常飲食而把健康搞壞。

究竟三餐該怎麼吃，才能不復胖又不傷身體？

建議以攝取優質蛋白質為主，並搭配一些蔬菜，達到均衡飲食的狀態。

●早餐推薦組合

（碳水 1 份＋蛋白質 1 份＋一份蔬果）

碳水：全麥麵包、全麥饅頭、糙米飯、歐式麵包、燕麥

蛋白質：無糖豆漿、水煮蛋

早餐店天使組合：起司蛋吐司（不加美奶滋）＋無糖紅茶＋奇異果

起司蛋吐司同時包含了澱粉、蛋白質、新鮮蔬菜，非常適合作為元氣早餐。相對而言，夾起司片會比夾肉鬆、培根等等肉類加工品來得好，熱量也較低。

另外，記得提醒店家不要抹上厚厚一層美奶滋，否則熱量可是會直直飆升。飲品可搭配無糖紅茶、黑咖啡或者無糖豆漿，可提振精神又不會喝下一堆糖份。

餐後還可以來一顆含有富含維他命 C 的奇異果，補充水果養份，方便攜帶和食用的柑橘類以及小蘋果也不錯唷！

早餐吃蛋，加速燃燒脂肪。

倘若希望身體加速燃燒脂肪，早餐不妨以蛋白質為主，像是有雞蛋、以植物無糖豆漿類製品、起司為主，因為蛋白質會促使升糖素加快化學反應，而當升糖素的化學反應變快，就會促使身體燃燒脂肪。

　　除此之外，早餐含有蛋白質，會減少一整天所吃的食物熱量總和。

●午餐推薦組合

　　午餐建議一定要吃足量，因為午餐跟晚餐的間隔比較久，所以一定要攝取足夠的能量。才有力氣為接下來的工作奮鬥。

　　午餐推薦（以自助餐為例）：

　　澱粉：糙米飯、紫米飯、白米飯（1/4~1/2 碗，不宜超過一碗）

　　蛋白質：蒜泥白肉、雞腿「去皮」、清蒸鱈魚、雞胸肉

　　蔬菜：至少三樣蔬菜，盡量選不同顏色，可以補充不同的維生素

●晚餐推薦組合

　　晚上身體代謝較慢，不建議吃澱粉，如果要吃則減量到 1/4 碗，菜配飯吃。

如果不得已要吃大餐，在享受大魚大肉的過程中，進食的順序其實很重要！晚餐會建議從「蛋白質」與「蔬菜」開始食用起，減少攝取過多澱粉，容易導致肥胖的機率。

晚餐推薦：優質蛋白質（低脂雞胸肉）、兩樣以上蔬菜、水果 1 份。

採用沒有加工過的食物，因為食物一旦經過加工，不僅營養素流失，還有添加許多色素與致癌物質，對身體造成大量負擔，所以想要吃得健康、瘦得健康，先從吃原形食物開始！

擺脫肥胖的菜單

早餐午餐晚餐加點心照著做就對了，每週檢視一次，配合著 App 計算所吃食物。

◤一天食譜範例◢

	早餐	午餐	下午點心	晚餐
週一	**無糖豆漿** （無糖咖啡、紅茶、綠茶替代可） **水煮蛋 1~2 顆** **地瓜＋香蕉 1 根**	**鮭魚便當** （飯 1/3~1/2 碗） **菜 3~4 蔬菜**	（如肚子不餓就可不吃） 芭樂一顆	**雞肉 1.5 份** （約 150 克） **菜 1.5 份** （3~4 種菜：壽喜菇、白菜、高麗菜） **番茄 6~10 顆**

	早餐	午餐	下午 點心	晚餐
週二	美式咖啡 （無糖綠茶、紅茶 替代可） 豬排漢堡加蛋 （不加沙拉醬、鹽 巴胡椒調味）	鯖魚便當 （飯 1/3~1/2 碗， 早上有吃漢堡澱 粉可不吃） 菜 3~4 蔬菜 蘋果 1/2	（如肚子不餓 就可不吃） 堅果 10~15 顆 無糖豆漿	煎豆腐 （板豆腐 1 塊） 毛豆 100 克 青菜 2~3 份 奇異果一顆
週三	無糖豆漿一杯 堅果 10 顆 美濃瓜半顆 水煮蛋 1 顆 地瓜 1 條	松板豬便當 （飯 1/2 碗） 無糖茶 牛肉炒蒟蒻麵	（如肚子不餓 就可不吃） 香蕉一根	煎里肌肉 2 片 （約 150 克） 青菜 2~3 份 （花椰菜、杏鮑 菇、玉米筍） 百香果 2~3 顆
週四	無糖豆漿 芭樂半顆 雙蔬鮪魚飯糰	煎鯛魚肉 1 條 （150 克） 青菜 2~3 份 （美生菜、秋葵、 香菇） 玉米半根 堅果 5~10 顆	草莓 5~6 顆 （一個手掌的 量）	氣炸雞腿排 蔬菜 2 份 芭樂半顆
週五	無糖優格 1 杯 水煮蛋 1 顆 香蕉 1 根 無糖豆漿	滷雞便當 （飯 1/2 碗）	蓮霧 2 顆	香煎雞肉 菜 1.5~2 份 （菠菜、木耳炒 豆芽）

	早餐	午餐	下午 點心	晚餐
週六	無糖豆漿蘋果汁 起司蛋 里肌肉 1 片 （80 克）	蔬菜沙拉 （300 克） 以和風醬為主 無糖優格 1 杯 鴨胸 1 塊 馬鈴薯 1 顆 （60 克）	桂圓白木 耳紅棗湯	蝦仁蕃茄炒蛋 冬瓜蛤蜊湯 奇異果 1 顆 蔬菜 2 份 （絲瓜、小黃瓜 炒甜椒）
週日	蔬菜燕麥粥 無糖咖啡	家人聚餐		蔬果沙拉

以上只是範例，實際上可依每個人需要熱量及蛋白質需求增減。

改變飲食習慣

以前都是吃飯配菜，往往通常是容易下飯的（鹹和油和糖），現在改變以菜配飯，這樣一來菜就可以煮清淡一點，就沒有過多的油和鹽巴跟糖。

吃飯的順序一開始最好先吃蛋白質的食物，例如肉和豆類製品，之後再吃澱粉（麵包米食）。

小叮嚀：關於醣類澱粉及蛋白質

　　澱粉或者是醣類食物自然會增加體內血清素的製造量，血清素是一種腦內製造幸福的化學物質，但對人來說吃下澱粉類或醣類的食物會造成昏昏欲睡的現象。

　　蛋白質會阻礙體內血清素的製造，增加妳的精力，任何蛋白質的食物都是有如此效果。

一、早餐的建議

　　早餐該吃什麼食物呢？什麼食物不該在早餐出現

　　不可以吃貝果、甜甜圈、丹麥麵包瑪芬蛋糕還有白吐司，知道是為什麼嗎？它們都是精緻澱粉。

　　不建議吃火腿、培根、熱狗、香腸還有蛋餅，知道為什麼嗎？它們是加工食品，過多的油脂。

　　當我吃三明治時，請老闆不要塗抹沙拉，沙拉是熱量脂肪量超高，我會請老闆幫我加一些胡椒鹽做調味。不然就是蔬菜加肉片直接使用，肉片本身就有鹹味，這樣吃三明治會讓妳感到飽足，但卻不會有罪惡感。

　　下列比較表格，讓妳知道哪些是高油高 GI 高醣早餐不要吃，哪些是低油、低 GI 和低醣飲食適合吃。

	高 GI	中 GI	低 GI
西點類	吐司 饅頭 牛角麵包	全麥麵包	全脂牛奶 （低脂牛奶、 脫脂牛奶） 雜糧麵包
米麥穀類	麵條 粽子 白稀飯	糙米飯 米粉	燕麥 玉米
水果	西瓜 龍眼 芒果	鳳梨 木瓜 香蕉 哈密瓜	蘋果 芭樂 葡萄柚

PS 減重不建議喝全脂牛奶

●高GI早餐 vs低GI早餐

高 GI 早餐：白土司、飯糰、饅頭、蘿蔔糕、稀飯、粽子、燒餅、油條、培根蛋土司、蔥抓餅、脆皮蛋餅、香雞堡、花生厚片、三角薯餅（4 小塊）……等碳水化合物，蛋白質少，膳食纖維含量更低，即使餐前空腹血糖未明顯升高，吃完卻血糖很快升高。

低 GI 早餐：蔬菜起司蛋吐司（不塗醬）、豬排蛋漢堡、鮪魚蛋土司 、起司蛋吐司搭配無糖豆漿或者

美式咖啡很可以呦！

★邪惡組合：豬排鐵板麵＋荷包蛋＋奶茶

一份含荷包蛋的豬排鐵板麵，由於油脂相當多，熱量高達 660kcal（烹調用油僅算 1 茶匙）。除了過於油膩外，所淋上的蘑菇醬／黑胡椒醬更是重鹹（鈉含量偏高）。至於奶茶等含糖飲料，都是營養價值低、空有熱量的肥胖飲品，多喝無益。

常見地雷還有各式炸物、起酥類、鍋貼／煎餃，雖然早餐不必斤斤計較熱量，但是這些食物含油量都太高了，並非均衡飲食的好選擇。

☆享瘦組合：起司蛋吐司（不加美奶滋）＋無糖紅茶＋奇異果

起司蛋吐司，同時包含了澱粉、蛋白質、新鮮蔬菜，非常適合作為元氣早餐。相對而言，夾起司片會比夾肉鬆、培根等等肉類加工品來得好，熱量也較低。

另外，記得提醒店家不要抹上厚厚一層美奶滋，否則熱量可是會直直飆升。飲品可搭配無糖紅茶或黑咖啡，可提振精神又不會喝下一堆糖份。

二、午餐的建議

一般上班族的午餐通常會叫便當，就算只是便當，也可以做選擇。

　　到底便當該怎麼選擇？一般來說，如果是普通小吃店的便當，或自助餐店的便當，既沒有標示，很多便當例如排骨飯雞腿飯，配菜也少有選擇，在此，我要舉例的，還是以有標示的便當為主。

　　例如這些便當上頭都有熱量及成分標示。

●超商健康減重這樣吃

1. 無糖豆漿
2. 薏仁或燕麥飲
3. 茶葉蛋、蒸蛋
4. 日式蕎麥涼麵
5. 生菜沙拉
6. 關東煮蔬菜類

7. 蒟蒻

8. 烤地瓜、玉米

9. 雞胸肉

早餐＝綜合水果＋無糖豆漿＋茶葉蛋＋地瓜

午餐＝生菜沙拉＋雞胸肉+無調味堅果＋玉米半根＋黑咖啡

晚餐＝關東煮蔬菜＋關東煮豆腐＋蒟蒻＋水果

早餐＝綜合水果＋無糖豆漿＋茶葉蛋＋地瓜

午餐＝生菜沙拉＋雞胸肉+無調味堅果＋玉米半根＋黑咖啡

晚餐＝關東煮蔬菜＋關東煮豆腐＋蒟蒻＋水果

★ 想瘦就別碰這些

1. 含糖罐裝飲料

2. 熱狗堡

3. 洋芋片

4. 泡麵

5. 便當

6. 關東煮的湯

●點心

　　新鮮水果是一種完美的點心，可以利用水果來滿足下午茶的口腹之欲，當然要選擇屬於低升糖指數，例如蘋果、奇異果、百香果、芭樂、蕃茄、橘子、火龍果……但不建議吃乾果，乾果比新鮮水果容易攝取過多熱量，因此選擇新鮮水果還是對減重比較有幫助。

　　市售便當店的便當蔬菜份量有多少？但有飯、有肉、有菜，為什麼會不健康嗎？

　　雖然便當有蔬菜，但是份量都不足，整體加起來1份蔬菜不到，減重一天至少要攝取4份以上蔬菜。

　　便當主菜幾乎油炸居多，白斬雞和炸雞排熱量相差2倍以上，所以選擇便當主菜盡量避免油炸，可以減少攝取過多熱量及油脂。

執行減重美食用餐計畫

　　減重計畫分短、中、長期。

　　先從短期開始：不能改變原來習慣太多，熱量就不用算得太仔細，只要注意進食的量和進食順序即可。

小分享：分量攝取原則

中餐一份餐分 6 份

2 份蛋白質、3 份蔬菜、0.5 份是澱粉、0.5 份是水果

晚餐一份餐分 5 份

2 份蛋白質、2 份蔬菜、1 份是水果

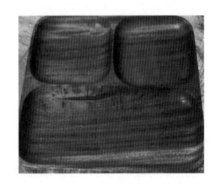

☆ 午餐餐盤

蛋白質 2 份	澱粉 0.5 份 (約半碗)	水果 0.5 份
蔬菜 3 份		

136

☆ 晚安餐盤

蛋白質 2 份	水果 1 份
蔬菜 2 份	

小分享：不要當廚餘桶

　　減重者吃飽就好不要吃撐，這餐吃不完的飯菜倒掉就好，不要因捨不得就把它吃光光，千萬不要當廚餘桶。餐盤份量減重，是初階執行減重者輕鬆而方便執行的容量概念目測法，當減重者已達到非常熟練階段了。

　　若要執行更精準的減重效果，要請落實營養學上的卡路里份量來執行。

●減重，循序漸進

　　比如說有些人晚上要吃澱粉，但一姐減重計劃中，晚上是倡導不吃澱粉，一開始就慢慢減量，澱粉從原來量少 3 分，再來剩一半、1/3、1/4 漸漸的這些分量被其他餐點取代。

　　固定一個餐盤，不要今天拿大盤明天拿小盤，碗

要選擇小碗（禁用大碗、越吃越多而已）。

餐前先喝一杯溫水→蛋白質→吃菜配飯吃（觀念不同以前都是吃飯配菜，要吃得下飯，就要煮鹹一點好下飯）越吃越清淡→水果

短期秉持這個原則，稍作改變的進食方式，就不用斤斤計較熱量，體重也會慢慢下降的回饋妳。

●伸出拳頭，份量比一比

相信大家也跟一姐一樣，每次看到份量表，都會對於一碗、一份、一碟、一杯的量到底是多少，感到非常困擾。

＊拳頭：一個拳頭的量相當於一碗「全穀根莖類」，也大約等於一碟「蔬菜（熟）」的份量。

＊手掌：攤開拳頭、掌心朝上，掌心的一半面積就相當於一份「豆魚肉蛋類」的大小。

＊食指指節：一份「油脂與堅果種子」相當於食指一指節的大小，如果是液體食用油的話則大約一茶匙。在現代人的日常飲食中，油脂類多半已經足夠、甚至過多，因此不需要刻意額外食用，反倒可以每天吃一點兒堅果來促進健康。

＊其它、容器類：

「乳品類」建議倒在杯子裡比較好計算，一杯約

一個馬克杯的量；水果類比較特別，不同的大小有不一樣的份量計算方式，不過大致上來說，一份也略等於一個拳頭大小。

下次挑選菜色前，只要先伸出雙手比一比、算一算，就能讓營養攝取更加均衡。掌握份量不超標，「吃出瘦身力」不再是難事！

●超商減脂餐

就算處在忙碌的生活，白天只能在超商用餐，也依然可以保持身材。

以下是一姐分享的幾個減脂餐建議：

減脂餐一

香草烤雞腿薑黃飯＋無糖豆漿

若有人不習慣喝無糖豆漿，也可以湯品取代。

以下幾個湯品範例：

☆ 中式酸辣湯　　☆ 海帶芽蜆湯

減脂餐二

泡菜冬粉 + 一日野菜

減脂餐三

雞胸肉 + 洋芋沙拉

　　想要減但也想吃飽些，以上餐點若還不夠，另可
再搭配一份沙拉，或一份水果。

LESSON 9 管控：間歇性斷食法

　　不需要再問別人：我有沒有比較瘦了？

　　當妳瘦了，大眾會很直接從嘴中誇讚說「妳變瘦了」。

　　當然這是經過自律及努力的，減重者一開始就要省思自己原本的作息和飲食模式，為了健康和幸福著想，不該再隨心所欲，過度放縱且合理化自己慵懶的行為。

　　一姐的減重計畫，是透過生活中飲食習慣及活動習慣的改變，無需依靠外力就能自我達成的。和一般外界減重最大的差異，是只要專注在自己的改變，而不必倚賴外界的藥物甚至手術等等，當你改變身體的能源狀態，包括減少作為能源的碳水化合物管控，尤其是糖分的攝取，另一方面，針對中年肥胖者，他們往往運動量不夠，建議他們要增加運動量，不一定非得是強烈的運動才有效果，日常生活中，隨時隨刻走路運動，都可以有效地減重。

　　接著讓一姐來談飲食的管控。

認識 168 間歇性斷食法

前面我們曾大略談過斷食，例如吃大餐後，隔 16 小時才可以再食用的 16：8 斷食法。這裡我們來做進一步介紹。

所謂斷食，依照不同的宗教，或民俗禮儀有不同的斷食規定，簡單講，就是在某個特定時間內不吃不喝。不過，這裡純以營養學角度，以追求身體健康為角度的斷食。具體來說，身體吸收熱能後，有一個消化過程，如果每隔一段時間就繼續進食，可能讓身體各器官處在忙碌狀況，這過程中過多的熱能，就會像垃圾般逐漸堆積在人體內，成為肥胖因子，甚至成為慢性病兆。

一個常見的斷食方式稱為 168 斷食法，這是間歇斷食的一種，藉由調整進食時間來管控飲食。

168 斷食分成 16 跟 8 兩部分，但並非指那 16 小時不能用餐，而是將熱量攝取集中在 8 小時內，至於 16 小時的部分，也並非硬性規定不吃不喝，而是要求只能攝取零熱量的飲食。

甚麼叫零熱量？例如水跟茶、美式咖啡是可以喝的。

這個方法的重點，是當食用一餐後，有長達16小

時的時間，可以讓身體「作業」，也就是我們不去干擾內臟運作，讓身體好好地把食物消化，燃燒脂肪，其結果就有助於減重。

●斷食法的好處
1. 讓消化系統可以得到休息機會
2. 降低血糖
3. 有效燃燒脂肪，進而降低體重
4. 啟動身體的激素，讓腦袋更清醒
5. 藉由排毒，抗老化，帶來青春

●斷食法的執行關鍵
1. 最好搭配運動

以機器運轉來比喻，進食就好比，輸入材料並產生許多熱能，這些熱能靠斷食的期間來排除，但單單是排除，只是清掉垃圾。但若能主動將這些熱能再做轉化，也就是化為肌肉，那就更有效率。

2. 斷食不斷水

水是人體必要的維生能源，特別是在斷食階段，有人不習慣未進食狀態下的某些狀態，這時更需要靠水分來補充身體的運作。另外，當空腹時，喝水也可以暫時止飢。

3. 就算進食也不要暴飲暴食

如果因為斷食，就選擇在可以食用時大吃大喝，那就有違本來想要減重的初衷。相反地，即便到了進食期間，也建議少量多餐，例如在那八小時期間，可能分兩三次，每次都吃少少的分量。

●最容易入門，而且很輕鬆

建議尚未啟動減重的讀者朋友，可以找一天開始嘗試，妳會發現，斷食後會有神清氣爽的感覺。

基本上可以選一天，早餐晚點吃，晚餐早點吃，然後進入十六小時的斷食。這一天兩餐可以也吃得很有飽足感，所以一姐會推薦大家先嘗試。

斷食時間也不是甚麼都不能吃，那可以吃什麼？就是無糖無奶的黑咖啡、茶還有乾脆就喝白開水，基本上只要沒熱量的都可以。

有人問，有所謂零卡飲料或是有代糖的東西可以嗎？一姐認為即便是零卡，還是要小心，因為有些人吃了身體會起胰島素反應。

其他的，不論是蛋白粉、豆漿或牛奶等等，一律不行！

一姐曾挑戰 40 小時斷食，靠著煮減重餐，讓自己斷食期間不被食物綁架了，做好自律，說不進食就

不進食。

斷食時，建議多喝熱溫水、氣泡水（帶來保暖和飽足感）。其實長時間斷食不會覺得很餓，只是肚子空空的，也沒低血糖症狀，精神自由，相對的體重就像溜滑梯一般往下滑，請妳樂在其中。

●其他的斷食選擇

1) 442斷食法

有人覺得 168 斷食法，可能後來有反效果，在「撐過」16 小時之後，會有「報復性」飲食。因此有人提出新的做法，過程更溫和，所謂 442 飲食法，係指分段進食，以「4 小時、4 小時、2 小時」這樣的間隔，第一餐與第二餐間隔 4 小時；第二餐與第三餐間隔 4 小時，至於第三餐吃飽後，預計二小時內消化完，然後接著 14 小時不進食。

其實某個角度來看，也是 168 斷食的感覺，因為第三餐吃完後再等十六小時是斷食期，只是前面八小時進食期被細分為 442 而已。此外，由於限定第三餐要在二小時內消化完，也就是說第三餐本就設定不能吃太飽。

2) 52斷食法

相較於 168 斷食法以及 442 斷食法，是以天為單位。52 斷食法則是以週為單位。簡單說，52，就是 5+2，也就是 7。一週七天裡有五天正常飲食，兩天限制性飲食的意思。

具體作法，也不是吃飽五天，連禁兩天的意思，而是有不同彈性應用，通常是正常吃兩天，然後一天斷食，再正常吃兩天，再一天斷食。

但所謂正常吃，當然也不能大吃大喝，最好也是有節制的飲食，所謂斷食，也不是滴水滴米不進，是有限制性的一天只能吃八百大卡以下。

3) 其他斷食法

＊186 斷食法

每天進食控制在 6 小時內，其他 18 小時不進食

＊204 斷食法

每天進食控制在 4 小時內，其他 20 小時不進食

＊週一斷食法

顧名思義，就是限制每個禮拜一這一天斷食

＊交替全日斷食法

一天正常吃，一天全天禁食，輪班交替的概念。

其實無論何種斷食，重點都在於，藉由一段時間

的飢餓，讓身體可以消化排毒，也都希望可以搭配運動，且必須行之有恆，如此才能減重建功。

備註：所有的減重，都以不傷害身體健康為原則

如果原本就有不同身體狀況的，那要取得醫師同意。舉例來說，像某些糖尿病患者，本身就必須配合醫師調整三餐，另外，有消化道問題的人，也必須考慮，其他像是懷孕期間婦女，或正在服藥的人，是否適合斷食，或有條件的斷食，都還是要請教醫師意見。

生活中的減重管控

其實，前面介紹的種種斷食法，都只是藉由一種外在的規則，讓自己可以做為減重的依歸，但最重要的減重方式，還是自己內心的自律。

這裡分享種種的減重管控重點：

●減重是一時的，享瘦是一輩子的

減重的目的是甚麼呢？別以為只是為了美麗，減重也攸關健康。所以，任何的減重，若只聚焦在美麗，卻忽略健康，那就是錯誤的方式。減重是一時的，可以換取長久的美麗，但就算是這樣，這個「一時」也切記不要以犧牲任何健康為代價。像是日常我

們從網路吸收的很多減重資訊，是正確知識還是只是網路傳聞？甚至根本就是會危害身體的均衡，影響到內分泌失調等等？最好的方式，還是找專業的體重管理師，例如一姐本身就是營養體重管理專家，我主張的減重方式，就是要兼顧美麗與健康。

●如何做到成功減重？

這世上沒有真正的胖子，只有對自己不夠認真的人。

例如以我自身為例，當結婚生子前原本 45 公斤 23 腰的身材，在生了三個孩子後，體重及身形都無可避免地會攀升，腰也是橫向發展，簡直是從小 S，一路變到 M，甚至大 M。但當我後來下定決心去減重，我就從無油低醣飲食開始，加上持續不斷運動，包括核心運動及騎車，如今我的身材，又再次回復到 20 歲的樣態，我有 23 小蠻腰，衣服則是小 S 尺碼。

也曾是身材變形的過來人，可以了解那種看到漂亮衣服卻沒辦法穿的感受，但我們也不用犧牲美食，只要搭配好減重計畫書，大家還是依然可以選擇漂亮衣服搭配好身材，像我偶爾會放縱自己去吃吃宵夜，但還是堅持保持著理想的身材。

愛美是人的天性，各位想想，就算只是為了每天

讓自己照鏡子開心的樣子，欣賞窈窕美麗的樣子，這樣減重就有意義，擁有自信美麗，感受到身邊人的呵護，享瘦人生，享受被愛的生活。

●排除大餐，享瘦新生活

生日、母親節、喜宴……特別的日子，各種親友這類的聚會都叫做吃大餐。往往在大快朵頤後，人們事後後悔了剛剛吃太多了，可能就是多吃一盤甜點，或者多喝幾杯含糖飲料。

到底大餐後，我們該如何回復原本的體重？Hold住女性好身材？

以下是幾個秘訣：

1)負正負負飲食法

當偶爾聚餐吃吃美食其實是沒問題的，我會建議想要減重者，採用事後贖罪法，顧名思義，前面妳美食過量，後面要用其他方法來「贖罪」，最終甚至可能累積的熱量比平日還少（關於這部分，後面會另外說明）。

2)增加運動量，比平常多0.5~1倍的運動量

3)享受一個人的時光，那時候再來執行減重。反倒當跟家人朋友歡聚時，還是要珍惜與家人相處，配合大家的飲食

4)多吃蔬果，增加飽足感，提升消化能

　　此外要特別說明的，朋友相聚難得，但適可而止，「續攤」這部分就免了。

　　許多人因為不好意思說「不」，結果一晚下來連續添加超標熱量，那樣的話要再想減重回來，困難度就高了許多。

　　結束大餐後，盡快找回原來生活步驟，還沒回復大餐前的體重，會拒絕下一頓大餐的邀約，繼續執行本身的減重計畫，直到回復體重，才能維持好身材。

活出自信健康美，妳就是那最亮眼的靚咩

享受篇

享受人生吧！
下了班，喝個下午茶，自己放空一下，
小確幸～簡單愜意的生活，訴說著精彩美好的日子
生活是否過得精彩，取決於妳自己的態度

　　妳對自己好，就會變得更出色，在別人眼裡，就更有價值。
　　而妳對別人付出太多，自己就會變得更薄弱，妳的利用價值完了，也就完了。所以，別老想著取悅別人，妳越在乎別人，就越卑微。

　　只有取悅自己，並讓別人來取悅妳，才會令妳更有價值。

　　一輩子不長……對自己好點。

LESSON ⑩ 饗宴：享瘦美食幸福人生

　　追求美食我也會，假日放任一下沒有不可，享瘦當然也要享受，滿足口腹之慾。

　　減重不是只有水煮餐，美味幸福的減重餐，是犒賞自己的另一種方式。如果一直吃清淡無味的料理，減重計劃是很難維持下去的，在一姐的減重計劃當中，減重方式有很多變化，可以照著我烹飪的方式，每天都有不同的變化。

　　選對食物，減重也依然可以飽餐一頓，既享受美食的樂趣，對身體也沒有負擔。

　　減重沒有很難吧！只是做些小小的改變罷了！

▍就算嗑火鍋也無礙

　　冬天天氣冷，也是很好減重時機，盡量少聚餐，窩在家裡做核心運動。但有時候冷到受不了，就是想來碗熱呼呼的食物怎麼辦？沒問題，吃小火鍋但不吃火鍋料，菜盤＋肉是允許的，魚湯也是 ok。

技巧1：點鴛鴦鍋

選擇易吸油吸湯的食材、和放入青菜較為清淡的湯底(像是昆布鍋)煮，這樣不會吸取過多麻辣油。

麻辣鍋煮沸冒泡（油跑到兩邊）涮肉，肉也就不會吸收到辣油，減少熱量攝取。

技巧2：技巧性喝湯

低熱量飲食訣竅一「下料前先喝湯」，在湯最清的時候先喝，可以避免後續煮成熱量爆表的高湯。

其次建議把菜和肉分開煮，想喝湯時可「喝煮菜和海鮮的那一鍋湯」，少油又鮮美。最後一招「把湯煮沸」，讓湯底沸騰後油往兩邊跑，而後我們撈中間油脂較少的湯來喝，可以大幅降低熱量攝取。

減重飲食技巧 plus+：其餘兩餐減量吃（贖罪餐）或者不吃(斷食)

一餐麻辣鍋、火鍋吃下來，熱量大約會攝取1800~2400大卡不等，上面的減重飲食確實可以減少熱量攝取，但還是難免會讓攝取超出我們的基礎代謝率，因此可以試著將當日的其他餐減量，來控制當日的飲食攝取。

舉例來說，如果晚上要吃大餐，一姐早午餐就會

減量，從一個漢堡變成兩顆水煮蛋，中午的便當就改為水果蔬菜餐，不餓即可，反正晚上要大餐。以上的小技巧都學起來了嗎～天冷冷就讓我們一邊享受美食，一邊享瘦。

小分享：減肥也能吃麻辣鍋

　　3 個吃法避免油膩地雷，大口吃肉還能享瘦

　　吃火鍋其實是減肥期間的好選擇，能簡單的達到低碳甚至生酮飲食的目標唷！不過我們該如何品嚐麻辣鍋呢？麻辣鍋怎麼吃，才可以瘦得不知不覺呢？首先，我們要先了解熱量從何而來，哪些東西是熱量地雷。

　　高熱量地雷 1：麻辣鍋的辣油
　　高熱量地雷 2：油炸、加工食品
　　高熱量地雷 3：沾醬

　　知道地雷當然就可以避開啦！

美食不錯過，依然能享瘦

　　當食材經過烹飪加工之後所呈現的樣態不一樣，內含的卡路里當然也是不一樣，譬如說同樣是一隻雞

腿，當妳用水煮，跟用炸的、滷的、煎的、麻油酒煮等等的方式處理，同一隻雞腿，吃起來口感不同，帶來的營養效果也是不一樣。

有減重者問我，一姐，我都有盡量配合妳指示飲食了，但為何體重還是增加？

我回覆她，只要照我說的做，肯定沒問題，除了拍給我的照片以外妳還吃了什麼？

果然有下文，她說半夜看家人吃宵夜，「只」吃了一隻去皮的麻油雞的雞腿。

我告訴她：水煮雞和麻油雞的熱量自然不同，飲食後妳所呈現的體重自然就不同。要享受這樣美食還是可以的，妳就必須相應地，靠其他的方式來消耗妳所吃的卡路里。不然「懶得運動嘴巴就要懂得忌口」。

一道料理烹調方式不同，當然不會一樣的結果，例如甜湯圓，我會以無糖豆漿做湯底，再放入湯圓，最後加一顆蛋。雖然有湯圓（澱粉）但沒有加過多的糖水，湯是豆漿蛋白質，自然全部喝下是沒關係。

●湯圓這樣吃不過量 清湯取代甜湯減熱量

有人問一姐：今天冬至要吃湯圓，湯圓不是低醣飲食，那怎麼辦呢？

冬至到了，「吃湯圓」是華人傳統習俗，代表團圓或圓滿象徵，市售湯圓種類繁多，除了傳統紅白湯圓，現在也有多種口味的包餡大湯圓，如牛奶糖、巧克力、抹茶等，各式各樣的口味都有其支持者。然而，湯圓吃幾顆才不會過量？是不少人冬至關心的問題。

4 顆包餡湯圓＝1 碗飯！

　　冬至吃湯圓，傳統紅白小湯圓 10 顆熱量約 70 大卡，相當四分之一碗的白飯，建議每次吃不超過 20 顆；包餡大湯圓如常見的花生、芝麻或年輕人喜愛巧克力湯圓，餡料含高糖分、高油脂，只要吃 5 顆就達到一碗白飯的熱量，有餡湯圓建議每次 2 顆為宜，湯則以清湯 (或無糖豆漿) 取代甜湯，避免攝取過多精製糖。

　　當天早餐中餐就不要有澱粉，前後餐米飯減量，減少卡路里的攝取量，留著晚上要吃湯圓。

　　不要把減重當作在活受罪，而是要把減重這件事是享受樂在其中，正向思考，一姐就馬上來變一下減重者的湯圓餐，減重也需要圓滿。

　　吃完 500 大卡鹹湯圓，隔天一量，體重還比原來少一公斤，又看到 45 了，享受大餐後只要掌握正確方法，就可以快速恢復原來體重。

我原本為了要吃湯圓所以斷食比較久，但是無傷大雅，而且還可以盡情享受。只要跟著一姐飲食指南做，並且具體在每天的生活中落實，必有成效。依從一姐的方法，對許多人來說，不但是簡單有效得多，也比較符合生活日常的習慣。

●快炒一樣無負擔

外食快炒如何點餐，比較不負擔？

享受外食的樂趣，妳可以這樣做：5道菜裡2道重口味，其餘的就適中點偏淡口味。

飯就選擇白飯，炒飯炒麵就避免，有些人會說不吃炒飯、炒麵沒有飽足感、口腹之慾沒滿足，那就把炒飯炒麵歸列在偏重口味。

舉例來說：宮保雞丁、五更腸旺、紅燒排骨、鐵板紅燒豆腐、烤麻辣鹹豬肉、四季肥腸、三杯雞、炸肥腸……這些比較偏重

蒸魚、炒青菜、滑蛋牛肉、滑蛋鮮蚵、肉絲炒水蓮、烤魚、烤中卷……適中偏淡口味

外食總是卡路里攝取量超標，可以泡熱茶取代湯品，一來可以解解油膩感，二來減少卡路里攝取量，三就有喝熱湯的感覺，口腹之慾也滿足了。

●愛吃麵，怎麼吃不發胖？

以下讓我們來看麵條熱量超級比一比 (請注意：
下表所列是指未煮前，不含醬料的熱量)

麵的種類	重量	Calories 熱量（大卡）
鍋燒意麵	100g	479
關廟麵	100g	371
油麵	100g	364
雞蛋黃麵	100g	360
義大利麵	100g	357
蕎麥麵	100g	355
冬粉	100g	350
金門麵線	100g	350
白寬麵	100g	348
烏龍麵	100g	348
米粉	100g	344

麵的種類	重 量	Calories 熱量（大卡）
黑豆麵	100g	343
蒟蒻麵	100g	320
雞絲麵	100g	320
拉麵	100g	300
意麵	100g	292
刀削麵	100g	267
王子麵	1包50g	220
米粄條	100g	129
米苔目	100g	121

●減重吃麵小技巧，讓妳享受不發胖

1.依湯汁慎選麵條

細麵比較容易吸附湯汁（麻辣和清湯熱量不同），無形中熱量增加不少

2.先選自己想吃的麵條（一姐會選擇白寬麵）

雞絲麵和鍋燒意麵熱量最高（因為油炸過）

3.麵條分量一半就好，另一半用蒟蒻麵取代，熱量減少了一半，又可享受麵條的口感

4.吃湯麵少吃乾麵

乾麵的滿滿肉燥（油、高油脂肉末、油蔥酥）除了主食外還額外把油脂吃下肚。

湯麵不加肉燥可多加一份肉、加一份菜加一顆蛋。

5.加點小菜

青菜、豆乾、海帶……

6.用餐順序

先吃蛋白質-青菜-麵食-湯可喝可不喝（通常一姐湯會喝一半，畢竟一般店家都是熬大骨高湯）

習慣稍微改變，不僅能滿足口服之慾，還能享受美食，更重要的是讓你不發胖。

●如何在年節過後快速回復體重

愉快的假期不知不覺就結束了……狂飆的體重也該恢復正常了。

無論有多麼恆心毅力想堅持一項習慣，生活中總無可避免地會出現不同狀況來干擾妳，每當這種情況發生，就要提醒自己守住一個簡單的原則：趕快回歸不要繼續沉淪下去。

當體重增加的時候，我不允許自己明天體重繼續增加，或許今天不小心吃了一整份邪惡食物，但下一次或隔天改吃輕食或斷食，我無法很完美，但一定要快速回復原有的體重。

　　自律享瘦的美好回饋，好線條就是最美的衣裳。

　　妳有妳的選擇，妳有妳的堅強，從今天妳開始練習讓自己更輕盈，一姐陪妳拋開束縛，放下沉重，成就更好的自己。

LESSON 11 放鬆：休息一下，讓自己感受人生

　　想要人生感到光彩煥發，擁抱新的生機，那妳必須要停下來，認真思考清楚，什麼才是妳內心深處真正想要的。

　　人都會這樣，突然之間掉到情緒的低谷中，好像世界末日到了。

　　別把自己困住了，真正讓人累的，並不是生活的目標太遠，而是腳下磨破的傷太痛。休息一下，喝杯熱茶，讀本好書，聽首音樂。

　　妳有多久沒為自己好好放鬆？何不就從此刻開始。

請先照顧好自己心情

　　記得，要讓事情過去，就要讓心情先過去。也許事情不會那麼快平息，但只要心情先好起來了，相信事情早晚也會好起來。

　　例如這天一看我的 garmin，哎呀！顯示壓力太大，不要苛待自己，一姐決定規劃一天半休假行程，

下午享受好吃牛肉麵，決定來個騎車享瘦之旅，從大稻埕碼頭騎→關渡宮→沿著黃金水岸→趁天黑到淡水，先取景、吹吹海風、看看人群玩樂散步運動……真愜意！

（備註：來回距離 50 公里，可消耗 500 大卡）

●人生可能有高低起伏，但請珍視此時此刻的自己。

雖然不知道走到後來會不會成功，至少每天能看見自己成長一點點，也就沒有甚麼好遺憾的了。不論環境多惡劣，都不該放棄，繼續朝夢想邁進。

●人這一生不會盡善盡美，總有不如意，很多事我們無法改變，但是可以掌控自己的心情，再難過總是會過去的。

●吃東西是一門學問，但也是要記帳的，每天身體所需－飲食卡路里＋運動消耗卡路里＝剩餘卡路里。運動是很重要的，有時候可以去騎騎車，可以一個人騎，甚至當天剛好心情不好，那麼汗水夾帶淚水流下，把煩惱也宣洩出來，既運動也調養心靈，覺得沒有過不去的坎，一覺醒來又是美好的一天！

●嘴要開，腿也要開（運動去）

許多人意志力都被日常工作消耗，晚上根本不想運動，只想用吃和躺來補償自己的身體，於是越補越胖。這會帶來惡性循環，減重狀況不彰，心情容易持續性低落，看著一週下來，體重計上數字毫無變化，想著每天汗如雨下，減重不成功，越不開心越沒勁減重。此時更要有家人的陪伴和鼓勵支持，這時候體管師絕對能派上用場。

讓我們動起來吧！

運動需要有規律的時間，間斷休息不能超過 48 小時，三天曬網一天捕魚是沒有用的哦，只是讓肌肉疲累達不到效果。

每天記錄運動量，加強成就感，例如今天可能記錄著：

一姐今日運動量

* 中午做核心
* 晚上吃飽飯走路運動，走了 4.5 公里
* 接著 U-bike 騎 18 公里
流流汗真舒服！

●為了生活與行動，讓每天的生活多采多姿

一姐會爬樓梯取代搭手扶梯或電梯，這個小行動似乎看起來沒有什麼大不了的，但卻能消除日常運動的不足。

若妳平時習慣開車、騎機車或腳踏車，可以將一部分以走路的方式取代，這樣也是燃脂的好方法。

雖然從身材、顏值無法評定一個人的本質，但減的不是贅肉，獲得的是胸肌、腹肌和馬甲線，更是對生活的自信與鬥志。

偶爾放縱飲食，我也會有，但事後要恢復節制，不要經常只圖嘴上痛快，誓死捍衛自己身材，讓自己變得更美。在這過程中，塑造更美好的自己。

▍睡眠與減重

檢視自己是否睡得好？是否一覺到天亮？平日幾點上床幾點入睡？是否需要超過一小時入睡？是否常常醒來（有常常夜尿問題）？抑或醒來又不容易入睡？是否早上容易疲倦常「度估」？是否常常覺得疲勞（必需常喝咖啡提神）？

睡眠品質是否良好，跟體重也是息息相關。

●一夜好眠時減重的關鍵

以下這四種荷爾蒙——胰島素（Insulin)、皮質醇（Cortisol）、飢餓素（Ghrelin）、瘦體素（Leptin）與睡眠息息相關。睡眠不足會引發這四種荷爾蒙分泌異常：

1. 胰島素（Insulin)抗性上升，敏感度降低，造成食慾大增，易造成肥胖或糖尿病。

2. 皮質醇（Cortisol）又稱壓力賀爾蒙作用抗發炎和抗壓力，睡眠不足會使分泌過量讓人衝動爆吃（壓力越大吃越多），更容易堆積脂肪。

3. 瘦體素（Leptin）就像生長激素，當睡眠不足，瘦體素分泌不足，使代謝變差，身體就要你多吃一點，別分解脂肪，多存一點起來，長期下來就變成容易發胖的體質。

4. 飢餓素（Ghrelin)長期睡不好的人，會因飢餓素上升，食慾大增，再加上生長激素和瘦體素下降，特別想吃高糖碳水化合物，造成體內油脂直線上升，自然就很難減重。

此外，褪黑激素 Melatonin 掌管睡眠循環內分泌，它的生成主要血清素，血清素又稱開心荷爾蒙在白天

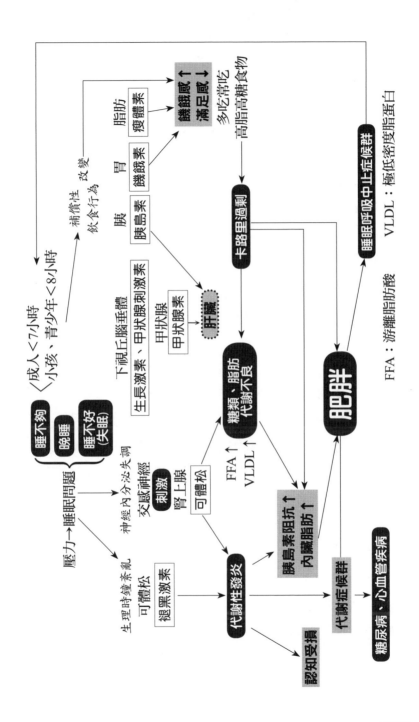

FFA：游離脂肪酸　　　VLDL：極低密度脂蛋白

日照後產生，在酵素催化下，晚上轉化成褪黑激素。血清素是褪黑激素的原料，促進人體進入睡眠的循環。

褪黑激素參與同步晝夜節律，掌握生理機能最旺盛的黃金時間（11 點前入睡，褪黑激素的生成巔峰時間在晚間 11 點到半夜 2 點間），好的睡眠品質不僅能促進新陳代謝，還能幫助燃燒脂肪。

我們可以利用良好的睡眠來瘦身，睡好、精神好、免疫力好落實一姐減重計畫，體重自然往下掉。

●如何建立好的睡眠品質？

睡眠的問題可分睡太少、睡太晚以及睡不好。

研究顯示睡太少的情況，例如青少年睡眠少於 8 小時，或成人少於 7 小時，長期下來都會造成體重增加及肥胖，造成心血管疾病，而睡眠愈少，影響愈大，尤其是在女性，原因是睡太少就會導致多吃且不規律進食，造成賀爾蒙不正常，增加飢餓感，以及卡路里增加。且吃的食物不健康，譬如多油多糖的零食，造成胰島素阻抗、內臟脂肪增加、血糖控制不良及糖尿病的風險提高。

身體的血糖動態平衡也受腦內生理時鐘決定。

睡眠與進食及週邊組織內生理時鐘協調葡萄糖的合成及利用，也與胰島素的刺激分泌及褪黑激素的調控息息相關。若打斷生理時鐘的活動，也會造成醣類、脂肪的代謝問題，進而有肥胖及糖尿病的風險。

　　所以長期晚睡或常調時差破壞生理時鐘，就會造成身體新陳代謝及心血管疾病。

　　睡不好（失眠）主要有困難入睡、困難好睡久及提早醒。

　　一週有三次以上睡不好，會影響到白天日常生活功能，對腦細胞新陳代謝有負面影響，讓下視丘腦下垂體腎上腺賀爾蒙調控軸失衡，刺激交感神經系統，提高慢性發炎以致 BMI 上升，導致血糖控制不良及提高糖尿病的機會。

　　若同時睡得少及睡不好、提早醒，未來糖尿病的風險更會加成到近三倍之多。

　　總之，好的睡眠可以維持最適的神經內分泌系統及進食滿足功能，降低心血管及代謝疾病風險。

一姐的寫意人生

　　重啟擱置很久的旅遊計畫，封印許久的旅遊悸動，釋放妳想飛的心！

　　在人生旅途中尋找美的印象，並且藉由記錄回憶

的方式，提筆寫下當時的感動；在平凡中尋找不平凡的畫面，一姐透過拍攝踏進了屬於自己的旅途。

甚麼是人生享受？這裡來分享幾則一姐的「享受記事」：

●連續三天生日慶祝餐，體重是不升反降

減重是為了吃大餐，一姐是美食主義者！騎上Ubike 本來目標只是要到社子島公園，但抵達目標後，腳步變輕盈沒流汗感覺，於是繼續騎引道上橋。(真開心挑戰成功，之前只能牽著上橋)。

到關渡宮，返回到飯店，只能用一個字形容～爽。

●目標達成～大稻埕騎 ubike 到淡水碼頭

意外插曲：路邊有攝影愛好者說要幫我拍照（心想會不會詐騙集團），他就接著說我都來這裡拍照，剛我騎上來時，他幫我拍了好幾張非常漂亮。

大餐之後總是要還的—運動流汗，感謝我許多密友，在我想吃、喝、玩的任何時刻，不用我說出口，都可心想事成，心中滿滿的感激與感動。

真的很開心，每當騎車運動總是抱著探險的心境出發，享受大台北夜色的美，挑戰自己！下回要從大

稻埕騎至金色水岸關渡宮。

在臺北地區，大稻程騎自行車作為運動一點也不陌生，河濱道路上沿途非常漂亮景色，且同時相對與一般道路比起來安全。

●跟著google 地圖導航走

今天的路線從大稻埕沿著河濱公園→華江橋→新月橋→新莊副都心站，這趟旅途蠻驚險（誤闖機車專用道，車水馬龍呼嘯而過，害怕）、迷路（即使有導航，一姐方向感差還是迷路）

初次挑戰，安全抵達目的地，真開心！

邊騎車邊欣賞河岸的夜景，建築物倒影在河岸上視野很棒。晚上在河濱騎車，真是一大享受！

●美美鎖骨線，鎖骨窩可以裝水哦

改變沒有很難，只需要一個理由，跨出第一步妳就成功了。

為了讓自己更好，一姐很愛看美食節目，常在思考如何利用食物本身的特性，把瘦身餐、減重餐變成

美味家常菜，這樣既可以越吃越健康，也可以慢慢的減少體重。用最貼近生活的方式，不需要太過改變原本生活習慣，一姐將容易執行的方式呈現給大家。

LESSON **12** 女人：請妳一定要疼愛自己

遇到了錯誤的人，錯的不是人，是時間，是命運。

錯過的人，不是遇見錯了，而是剛剛才遇見，就註定是過去了。

但是，錯過的人，會以另外一種方式重逢。也就是錯過了這個人，會遇見那個人，而那個人恰好是可以陪伴妳一輩子的人。

雖然不及前者好，但一定比前者更加真實可靠。

關於女人

女人的美麗是男人疼出來的，女人的溫柔是男人慣出來的，好男人用愛把女人養成人人羨慕的好女人，其實女人不是不懂事，只是，她需要碰上一個懂事的男人。

願所有的女人，都能擁有一個知妳懂妳愛妳的好男人

●女人要愛自己

熱愛生活的女人最有魅力，因為這樣的女人，總會讓妳看到生命的希望與勇氣。

　　真正熱愛生活的女人，懂得取悅自己，懂得愛自己。

　　她是認真管理好自己的身材、照顧好自己的身體、關心身邊的人，用心去體會生活的豐富多彩。

　　無論生活什麼境地，她們都有一顆積極的心態去面對生活，總是會相信生活越來越好。

　　熱愛生活的女人，會懂得從平凡的生活中發現許多有意義的片段。

　　女人一定要管理好自己的體型，要多學習、多看書，做些運動，做一個獨立自強的女人

　　有朋友問我一個問題：怎麼瘦的，有什麼方法？可以不用運動就可瘦？靠吃就可減重？回：減重有很多種方法我都試過了！想瘦？體管師協助妳。

　　其實活出自信健康美，妳就是那最亮眼的靚咩。

　　妳對自己好，就會變得更出色，在別人眼裡，就更有價值。

　　而妳對別人付出太多，自己就會變得更薄弱，妳的利用價值完了，也就完了。所以，別老想著取悅別人，妳越在乎別人，就越卑微。

只有取悅自己，並讓別人來取悅妳，才會令妳更有價值。

一輩子不長…對自己好點。

●女人的智慧

有的女人，在形象上不捨得花錢，在健康上也捨不得花錢！

最終會發現，她並沒有因為「節儉」而變成富人，她的男人也沒有因為她的「持家」而忠誠。

最終的結果除了臉上的斑點，身上的肥肉，無休止的病痛，什麼都沒有。

我們每一天所做的抉擇促成了我們的生命故事。現在就是記下這些想法的好時機。打開妳的筆記並記錄下來 。不要想太多。防疫期間都安好，宅在家追劇、運動健身都好。

**簡單，純粹，永遠是生活的本色，
快樂，無憂，永遠是歲月的天真。**

愛，那就是互相依靠，相互溫暖，相伴鼓勵，一起走向那個未知的未來。

女人要投資自己，隨時保持在最佳狀態，懂得愛

自己，活得精彩。自己好幸福，會以自己為同心圓由內而外擴展

女人經常彼此批評，而不是互相讚美，其實在所有消極的情緒中，應該都能夠找到積極的一面，因為我們都是漂亮的女生啊!!

女人，妳知道嗎？

妳是撐起自己的唯一，只有妳自己真正精彩起來了，那才是真正的精彩和強大。把自己裝扮成一道亮麗的風景，給滾滾紅塵增添色彩。

讓我們一起高呼「女力萬歲」！

●女人要在乎自己
女人是來莊嚴這個世界，男人是來欣賞這個世界。

當妳的另一半說不在乎妳的身材時，那就危險了，妳的世界不再欣賞妳。

減重計畫變得簡單又容易，利用循序漸進的方式，讓妳想達成的目標成為日常生活中的一部分而已！

女性把自己的健康與美麗當自己的事業經營，把自己當品牌當明星打造。女神只是比普通人還要努力

的普通人！

不是每個人都有優秀的基因，這世上長相平凡的還是占大多數，女人要懂得去經營美麗與身材，有好的臉蛋若沒有搭配好的身材，那也無法彰顯妳整體的美。但一個人若沒有姣好臉蛋，但若能擁有好的身材，那其實以現代醫美之發達，還是可以尋求科技專業，那樣情況下，要讓自己變得完美相對並非難事。

因此妳也可以擁有美麗，我也曾胖過曾經醜過，但藉由健身以及飲食控制，為心愛的自己立下高標要求，並且伴隨自律，認真堅持。就可以守住美麗。

優質自律生活！當衣架子改變了，衣服必須襯托得上妳的好身材。

當我努力減重瘦身運動的同時，有人笑說不用半年，有的人說等著看笑話，事實證明妳們錯了。

把減重這件事融入生活當中，享受的減重餐的美味，享受著運動的快樂，當然也會有怠惰的時候。但思考著現在如此的美好還要回歸過去呢！那是否定的。

但我相信只要願意一直堅持，起初看似微不足道的改變，終究會和利息一樣滾利，果真！而且是跌破眼鏡的結果。

做愛高潮有助減重

做愛減肥真可以？常炒飯能減重？「床上運動」也能瘦！

做愛是有氧運動，這可能會讓你不禁開始好奇⋯愛愛到底能燃燒多少熱量？

研究指出親親接吻平均每分鐘消耗 5 ～ 26 卡路里。當然，也要看接吻多久和熱烈程度。

台灣肥胖症衛教防治學會常務理事暨減重專科醫師劉伯恩書中有提到，做愛減重最主要是燃燒體內脂肪，研究發現，通常做愛 1 次就能燃燒約 250 大卡的熱量，相當攝取 1 碗白飯熱量，也等同於慢跑 30 分鐘所消耗的熱量。

劉伯恩醫師提醒，做愛是全身大肌肉運動，也就是做完會心跳加速、滿頭大汗（和慢跑、打籃球一樣），只要夠持久，會用掉體脂肪。

性愛過程中，人在翻雲覆雨時伴隨著肌肉的收縮和舒張，全身肌肉都在運動，搭配刺激的性愛，加速了血液循環，均衡了新陳代謝。當腎上腺素分泌旺盛時，更有加速脂肪燃燒的效果。

性生活美滿的人，促進性激素分泌。激素分泌增多後呈現紅暈，使皮膚充血變紅潤，女人顯得年輕、

更漂亮、更加美麗動。

　　性愛可以幫助睡眠並紓解壓力。睡眠不足，就會增加空腹荷爾蒙「飢餓素」的分泌量，就會爆吃（前面荷爾蒙章節有提到）

　　以運動效果來說，女生在愛愛的過程中，積極度會直接影響卡路里的消耗量。就像一般的健身運動，只要稍微變換一下姿勢、輕鬆嘗試不同的體位，就能產生相當大的瘦身效果。

　　一場充滿歡愉幸福感的性愛，可以能瘦身，又能提升彼此感情親密度，何樂而不為？！

●性福＝幸福
妹妹鬆了？私密處緊不緊，會陰也要做運動。

　　骨盆底肌肉運動訓練（Pelvic Floor Muscle Training，PMET），又常稱為「凱格爾」運動（Kegel exercise），為1948年美國婦產科醫師Dr Kegel為治療尿失禁婦女所設計的運動訓練療程，在國內常俗稱為縮肛或提肛運動。

　　「凱格爾」運動（Kegel exercise），強化訓練整體骨盆底肌肉的強度並同時能改善男女尿失禁、早洩等問題。可以增強盆底肌肉和前列腺的血液循環和肌

肉彈性，如今成為現代人性生活美滿的必備運動。

凱格爾運動訓練

練習凱格爾運動時，感覺像是在憋尿的感覺一樣，很大力吸果凍、布丁、吸麵的感覺。

中斷尿，在尿尿時在中途多少夾斷、「採踩煞」或憋住，約 2 秒、4 秒 (可慢慢延長由 5 秒增加至 10 秒)。

在日常生活中，隨心所欲駕輕就熟隨著每天日常的活動來進行，無論是坐著、躺著、甚至站著，可在工作中、做家事、看電視、等車、走路等，皆可輕鬆操作，因此才叫做輕鬆又有效的運動。

每天收放運動 3 回合，每回合每個動作 100 次共 300 次。

做凱格爾運動必需將膀胱中的尿液全部排出，持續約 6~8 週，會有明顯的改善，不但陰道肌肉會有緊縮的效果，陰道的敏感度也會增加。

享瘦新生活，要幸福也要性福，我跟朋友說，妳再不減重，老是骨盆腔發炎，才 40 歲就讓自己老公當和尚，那妳這個老婆真的不及格。

還有人說，她的婦產科醫師說她太胖了，妹妹也

增胖，被悶住當然會一直發炎。經過減重後，發炎的間距就有拉長，原本一個月看三四次門診，減重後，一個半月到兩個月左右看一次就好，和先生的房事也彼此滿意。

圓滿的人生，幸福也要性福，泌尿科醫師指出：骨盆肌訓練不但女生要練，男生更要練習，對「持久」問題也能獲得改善。

▍給自己脫胎換骨享瘦變美的機會

常聽人說，男人是視覺動物。意思是指男人會被女人的外表吸引，而不是女人的內在。講得白一點，就是女人的樣貌和身材。

反之女人也是視覺上動物，只是女人比較含蓄而已，女人也會被男人的外表吸引，韓風歐巴、小鮮肉、偶像團體，高帥的樣貌和身材吸引。

聽到別人說自己是視覺動物，肯定有人會不愉快。因為視覺動物的潛台詞就是以貌取人，甚至是膚淺的一種審美觀。但事實上，愛看美女的確也是男人的天性。只要面對年輕漂亮身材誘人的女性，男性就會產生心跳加速、呼吸急促、瞳孔放大等生理反應。而女人不也是這樣？

男人則需要看到美的、漂亮的女人！女人在辛苦

持家一段時間之後，都忘了打扮自己了．在面對每天的家用開銷後，更不捨得花在自己身上了。

如果妳發現老公對妳的態度和婚前差很多，請妳先把婚前照片拿來和現在比一比，看自己的容貌是否也差很多！

打扮自己也是一種自信的提昇，我發現很多成功的職業婦女，都會把自己打理得很端莊，很有個人風格，不會讓自己走入黃臉婆俱樂部！

從羅密歐與茱麗葉，到鐵達尼號的李奧納多和凱特愛情故事，我們受一見鍾情的浪漫想法吸引。但一見鍾情是特有的邂逅方式嗎？

還是設法讓自己永保美麗吧！

LESSON **13** 美麗：建立妳的原子習慣

　　要當男人無法掌握的女人，但要當男人抱得起來的女人，一姐最愛公主抱，公主抱當獎賞時，代表妳是輕盈的，不然男人肯定靠腰不肯！

　　在減重的過程中會有挫折，老是看著體重計數字起起伏伏，有時候心情也會是起伏的（都那麼努力了，怎麼沒降），但良好的運動習慣下來，肌力變好了，身形變好看了，氣色也變好了，一切一切都變好了。

　　習慣不變，結果永遠不會改變（也有可能是惡性循環），而一旦有了更好的習慣，凡事意想不到的好事都會發生。

▌美麗原子習慣

　　所謂的習慣就是不假思索的執行行為和慣例。

　　【原子習慣】一書提到：

● 每天都進步 1%，一年後，妳會進步 37 倍；每

天退步 1%，一年後，妳會弱化到趨近於 0！

　●妳的一點小改變，將會產生複利效應，如滾雪球般，帶來豐碩的人生成果！

　●建立更好的習慣沒有唯一正確的方法，無論妳的起點在哪、想要改變什麼，一步一步去改善這個方法都會見效。

　【原子習慣】書中也提到：習慣的精髓不在擁有，而是成為習慣的重要，是因為能夠讓妳變成妳想要成為的那種人。透過習慣這條管道，妳可以開發妳對自己最深的信念，妳真的會變成妳的習慣。

　透過習慣，可以開發妳對自己最深的信念，真的會變成妳的習慣。

　所謂習慣，重複數次多到不假思索去執行。習慣不會限制自由，而是創造自由。事實上，習慣會讓妳變成妳想要成為的人：妳的身分認同是源自於妳的習慣，每個行動都是一張選票，投給妳想要成為的那種人。

　一個重要的習慣就是運動。運動不但能夠維持健康體態，也可以增強身體的新陳代謝，讓皮膚跟其他器官保持年輕的狀態，所以有許多人勤跑健身房，或

養成慢跑的習慣，來讓自己隨時維持最佳狀態。

只是現今科技進步，運動也要有科技化的管理才能達到事半功倍，這時候就推薦購買擁有 GPS 功能的運動手錶來監督管理自己的運動狀況，以免瞎練看不到效果以至於半途而廢喔！

可以藉由分享記錄及路線來結交有同樣興趣及愛好的使用者們，並且還能藉由跟好友互相競爭來增加運動的意願，提供動力讓訓練能夠一直不斷持續下去。

●**輕鬆杜絕妳難戒的壞習慣**

當我們在教堂懺悔時，我們可能說：親愛的神我犯了罪，要跟您懺悔贖罪請求您赦免我。

當邪惡食物在面前時，卻不假思索的大快朵頤，但最後我們想懺悔對不住體重，那就贖罪餐來贖罪，才能比較快速恢復體重

什麼是贖罪餐？

以一個女生來說，減重餐一天卡路里約 1200 大卡，贖罪餐卡路里就是 800 大卡，甚至比 800 大卡更低。

一位減重者天公生拜拜，拜完就不假思索吃了一個供品發粿，她是吸收快速體型，隔天體重馬上飆升

0.6，接下來一週落實贖罪餐，發粿飆升體重才恢復原來體重。減重者說不敢再亂吃，要聽從一姐什麼時間點吃什麼食物是很重要的。一個發粿代價體重回復花費時間一週還可能更久（瘦了就不想再胖回去）。

比起用意志力改變人生，調整潛意識更容易，改變不應該是痛苦的，而是快樂的。

小分享：贖罪餐的餐點比例

大餐過後之攝取原則：
早餐：蛋白質 2 份 + 蔬菜 2 份 + 水果 1 份 + 無糖飲品
午餐：蛋白質 3 份 + 蔬菜 3 份 + 水果 1 份
晚餐：蛋白質 1 份 + 蔬菜 2 份 + 水果 1 份

● 贖罪餐範例

	早餐	午餐	晚餐
第 1 天	無糖咖啡 蘋果1顆 水煮蛋1顆	雞胸肉1塊 蔬菜2~3份 香蕉一根	豆漿蒸蛋 白菜滷

	早餐	午餐	晚餐
第 2 天	無糖豆漿1杯 蓮霧1顆 堅果10顆	蘑菇歐姆蛋 蘑菇炒油菜 芭樂1塊	烤雞塊3~4塊 炒彩椒
第 3 天	無糖咖啡 蔬果沙拉 蛋1顆	千張水餃 燙青菜 （不限，不加滷汁） 奇異果	煎鮭魚 芭樂和青菜

依個人情況不同，依體重恢復大餐前的體重就可終止。

要做個美麗的女人

永遠不要小看任何一個穿衣好看的女人，她們從體態到膚色、從飲食到健身都散發著自律和堅持的迷人香味。

時尚主編曉雪在《優雅》一書中這樣說：「最不會穿的女人，會把一身 Logo 穿在身上，再漂亮也是人家 Logo 的本事，不是人的本身。聰明女人要學會藏起 Logo 的光芒，讓自己發光。」

妳看，這些穿衣好看的人，無一不是把對美的執著、對生活的熱愛、對自己的信仰、通通穿在身上，穿衣越來越好看的女人，從外表看，是身材、膚質、儀態的全方位進步；從內在看，是自省、自知、自信的立體化昇華。

　　當擁有小蠻腰時，不是將就穿衣服，而是衣服必須襯托得上妳的好身材。

　　我並不差，只為了要讓自己更好。

　　當我確定目標之後，就會向著目標全力前進。

　　想要有人愛之前，妳就更要先愛自己。

　　把「愛自己」和「維持好身材」一樣，當成是一種習慣，把關心別人和付出相等地用在自己身上。把愛別人的能力，也用來愛自己，學習關注自己，對自己好，因為自己是最重要的人。

　　妳並不差，而是沒有時間去練習。變美的第一步，就從照鏡子、自拍開始，若可以練習把專注力放在自己的眼睛上，透過照鏡子和拍照，去欣賞自己的優缺點，這樣慢慢地，妳會越來越愛上自己。

　　一姐很愛自拍和照鏡子，每天要打扮得美美的來呈現自己，沒有甚麼原因，就是愛自己、更習慣自己。維持身材也是一樣，不是刻意而是已經融入日常

生活的一部分而已。因為我知道經營自己的一切是多麼重要的一件事。

捨得在自己花時間精緻打扮、用心保養的女人，別人是看在眼裡的。有智慧又有美貌的女人，人見人愛。

妳真的要相信，只有愛自己，才會更好命；只有自律，才會更自由。

●前半生的美貌靠基因，後半生的美貌靠自己

「美一輩子」這件事，還真是了不起的本事！

Enjoy 是欣賞、享受，以及樂在其中的一種生活態度。

減重書～不只是處理外貌問題而已，而是想方法奪回「控制」權利。有多自律身體就有多自由！

過了 20 歲，要有瘦一輩子的本事～

雖然從身材、顏值無法評定一個人的本質，但減的不是贅肉，獲得的是胸肌、腹肌和馬甲線，更是對生活的自信與鬥志。

偶爾放縱飲食，我也會有，但事後要恢復節制，不要經常只圖嘴上痛快，誓死捍衛自己身材，讓自己變得更美。在這過程中，塑造更美好的自己。

透過個人努力，輕盈身材來了，漂亮衣服來了，美好的心情來了，更神奇的遇見也會跟著來了。

一別經年，問我過得好不好，我用身材告訴妳。

人拋開自己年齡的約束，跟隨著自己的心意，讓自己保持並擁有一份與年齡無關的青春式追求的生活方式。

一個人最佳的生命狀態，在於她擁有：健康的體態、得體的儀態、魅力的神態、良好的心態！當妳擁有了這樣的生命狀態，妳想要的一切自然會被妳吸引而來。

當妳追求又忙又美的時候，哪有時間患得患失，又忙又美的生活是工作和健康的平衡。

我感覺一直都是順風順水的，因為當我確定目標之後，就會向著目標全力前進。在減重的過程中，我利用是閒暇的時間開始閱讀各種減重的書籍，開始在臉書上寫作，慢慢養成晚上 11 點睡覺早上 6:30 起床的規律生活，晚上就運動和閱讀捕捉靈感看書寫作讓自己充實起來。

讓自己充實起來後，哪有時間把感情和人際關係中的小事一直在心中糾結。

忙不是只顧工作而是工作是全神貫注是高品質的忙，美不是空有皮囊，而是生活時勞逸結合，是全方位的美。

當一個人開始追求又忙又美的生活，才能構築出自己想要的安全感，孵化出正確的價值觀。對自己能力、感情和人際關係更有信心，變得和患得患失的自己漸行漸遠。

一個女人，但凡美過，就再難接受自己變醜的樣子。讓變美成為一種習慣的人，才最有可能突圍而出。心想事成，美成自己喜歡的樣子。

運動以及幸福美麗

假如這幾年體重慢慢增加，現在就要慢慢的下降，不要為了求速效就故意餓肚子，如果採取最佳的飲食並且配合運動，體重自然就會下降，一天天過去，妳不但會變得更苗條，也會變得更健康

當減重計畫融入日常生活的一部分，就會覺得很easy 輕鬆，享瘦時要吃什麼都可以，找對方法，又可快速恢復大餐前的體重，這才是在享受人生。

減重是女生一輩子的志業，真的！我們總是為了身材努力而奮鬥，但有時候卻不知道該怎麼做才好？

反而會給自己過多的壓力。

跟著一姐一起規劃飲食、運動計畫，運動的好處真的是數不盡，除了體態想要表現出直接的反應外，也會讓我們情緒得以舒緩釋放壓力，對於身心傾斜的提升都有很大的幫助。

不要被食物綁架了，當妳可以選擇吃或不吃食物的時候，妳就成功了，一姐會在肚子餓的時候進入香噴噴的麵包店，剛開始受不了，就拿起麵包大快朵頤，這就是被食物綁架。經過幾次試煉之後，每次看到麵包就先看看卡路里，麵包是加工精緻食物，一個最少卡路里在 300 大卡以上，這 300 大卡就可以吃到好多美味的食物，就不會去拿來品嚐，把分量留著下一餐吃夠美味佳餚。

執行減重計劃，不僅要靠自己的自律，更要有家人的支持，才能事半功倍，記得當另一半有成果時，要給予鼓勵和讚美＋獎勵喔！

一份足以扭轉這個過程的飲食計劃，能夠將時光倒流並減輕體重，假如計畫能持之以恆並且趁早開始執行，就真的能夠徹底改變妳的健康。

另外，運動讓我越來越有自信、越來越愛自己。我不迎合大眾眼光，我想告訴所有人，勇敢做自己，

妳有多美，由妳定義！

以前在選衣服的時候，都是思考著這件遮不遮得到最胖的地方？現在已經不用靠寬鬆衣服來遮掩甚麼了，反而思考著要露哪裡才會更好看！

凸起的馬鞍消失後，那些脂肪全被遣送到「該去的地方」，不僅讓原本看起來壯碩的大腿也變得更修長，扁平的上胸也變得飽滿 Q 彈！

沒有人不愛美的，一姐我更是如此。

別讓「忙」成為瘦身的藉口，想重新找回少女時期的完美曲線很簡單。

減重計劃這些問題，只有妳自己親身經歷過本計劃後，才有辦法回答。我可以保證的是指導妳如何將這份強力的食物處方付諸實行，結果如何就靠妳自己的努力，如果妳願意加入分享給想減重的朋友和家人，就找我。

結語：享瘦迎接最美好的未來

如果早在五年前開始減重，我的人生一定會不一樣。

謝謝身邊友人的指點和鼓勵，才有享瘦的一姐。

有很多人不明白，包括我自己。為什麼瘦下來之後，以前的霉運都可以隨著贅肉甩掉一樣，做自己喜歡的事和工作，有愛我的疼我的人，幸運之神眷顧般的幸運。

▌擁有自律的人生，就擁有幸福的人生

在減重的過程中其實就是自律，當減重者每天傳來的功課（體重表、飲食餐），就像學生交作業一樣的心情，無形之中他們也變得會更自律，還有一姐的督促。這個過程中，妳就在調整自己所有生活習慣和工作安排的過程，不讓自己時間失控的人，往往也能做到不讓自己的身材失控。

為了減重，專研減重，有自己的一套減重計畫，又能把減重餐變成家常菜和宴客菜，還有另一個身分「體重管理諮詢師」，精彩的斜槓生活是我沒想到過

的。

　沒有真正的胖子，只有對自己不夠認真努力的人。讓自己變瘦變美，不需要意志力，不需要自我說服和強迫，而是讓他成為一個習慣。

　瘦下來有多重要任何人都很清楚，在減重的過程，是在奔向美好，可以看見自己全新的自己，不用再像以前一樣躲躲閃閃，給最好的妳才配得起美好的未來。

關於減重的哪件事，妳做對了？

　一姐要開減重班，歡迎大家來報名參與，享瘦就從減重開始。

　妳應該規律吃、順序吃（蛋白質、蔬菜、澱粉）

　減重的生活日常：

1. 體重（起床尿尿完，脫光衣服磅體重）
2. 一早起床要喝一杯溫水
3. 把每餐的餐點乘盤拍照記錄（入口）
4. 計算水量（每天至少要喝 2000cc 以上）
5. 每個月 1 日要拍身形照
6. 記錄運動

跟著一姐一起落實減重計劃，妳也可以輕鬆打造凹凸有緻的顯瘦好身材。

　　要當瘦子沒那麼困難，只要每天改變一點點，進步 0.1 就好。

　　每個人生活習慣不同、口味也不同，有些人喜歡吃飯硬要讓他吃麵、吃產品，有的習慣吃早餐硬要嚴禁吃早餐……一兩天可以，要長時間落實是有困難的。

　　我們看電視上有些名人，為何婚姻會走不下去，生活習慣的不同和差異，除非很有毅力的持續努力，不然即便再海枯石爛的誓言，久而久之衝突終究是選擇放棄。減重也是一樣，每天讓妳吃不習慣的餐食，剛開始為了減重勉強接受，勉強來的是沒辦法長久，最終還是終止、失敗。

　　如何選擇適合自己輕鬆的減重計畫是很重要的一件事。一姐會帶著妳慢慢導正飲食，一天進步0.1就好，比如說飲料一天喝兩大杯，一天少半杯多半杯無糖茶就好，運動就從爬樓梯走路開始，每天增加一點點就好。吃便當本來是吃飯配菜、吃肉留最後，現有倒過來先吃肉、吃菜配飯吃，順序改變一下而已。

　　甜點原本每天要吃一塊，那就一天少一半或者兩

天吃一塊、三天吃一塊……慢慢改變。

像我就會一週吃一次下午茶或甜點，當天知道要和閨蜜下午茶，早上就輕食不餓肚子就好（無糖飲品＋一顆水煮蛋＋一顆蘋果），中餐就不要吃，讓胃有多一點空間，下午茶前就一杯無糖豆漿再來就是好好享用下午茶，晚上就省略不吃。

減重計劃就像日常生活一樣，不好的飲食習慣一天少一點點就好，減重計劃其實沒有很困難，做與不做在於自己。

同學告訴我說：我老公說妳在引誘犯罪
一姐笑說：這是對我減重有成的肯定無誤
同學說：妳是我的女神，要把妳當目標
還有朋友說：妳還沒瘦的時候就開始在誘惑了，只是現在變本加厲而已。

無論妳是許願今年要認真減肥、吃得更健康，我保證✋，我會用盡所有努力，讓妳變苗條變健康。

身為健管師，一對一量身打造減重諮詢服務，幫助妳享瘦美好新生活。就是能多方位服務妳，提供的價值，遠大於價格。

結合體管師建立正確習慣

妳的生日許願，又有「減重」這一項？

健康檢查總是一拖再拖，就怕紅字又比去年多？

不忌口的結果都反映在身體上，一暝大一寸的腰圍，日漸親密的大腿，更重要的是健康也越來越遠…

●體管師會協助妳正確的飲食習慣

不用吃產品（有算過當每個月吃產品的費用？）

吃的食物對嗎？

體管師會協助減重者記錄個人的飲食行為，從飲食記錄看出飲食問題。

●控制體重妳可以有更多裝備！

適時加進日常生活中，妳的享瘦過程可以更有感。

全面提升習慣力！瘦得快不如瘦得久。太過刻苦的減重方式反而把生活變得黑白。

體管師教妳從小地方開始微調，不用完全拒絕外食、聚餐，只要清楚營養標示就能再健康一點。

●每日更精準回報，有助於減重計劃執行

在減重者身上發現，越配合的體重自然降得更漂亮，而也有人隱瞞回報、回報不確實，阻礙計畫執行自然體重會馬上回報在身上。

不用羨慕我小蠻腰人魚線，我是三個孩子的媽，多用一點心在自己身上而已。

給自己一個享瘦的機會，體管師的職責協助妳脫胎換骨，重拾往日美妙的身材曲線。

●勇於跟聚會說不

在減重的過程中為了讓自己更好，在工作和社交生活中，不免俗的聚餐活動，我有一個減重者，信誓旦旦說要減重，一開始很認真執行，一週減了 2 公斤，但在職場上有人約聚餐，週一火鍋吃到飽，週二韓式烤肉吃到飽，週三中午火鍋小聚餐，週四麻辣鍋，週五義大利麵聚餐，在這段期間一姐有指導他怎麼進食，在一週的洗禮之後，體重只上升 0.6 公斤，無法抗拒聚餐的誘惑，自然體重也無法抗拒攀升。

當我告訴減重者聚餐是可以的，但是聚餐前還沒降回原來體重時，就應該勇於拒絕連環式邀約。

這也是一項因果循環，妳對自己種什麼因，當然就會得什麼果。

勇於拒絕！

保養，是一輩子的，像極了愛情！

這是一個看臉的世界，別相信「好看的皮囊很多，有趣靈魂很少」妳連好看的皮囊都沒喔，誰會有心思看妳兩眼，就算有好機會，也輪不到妳。

每天敷面膜保養，11 點躺平準備睡覺，做個美女不是那麼容易，毅力、自律一個都不能少。所以，長得好看的人真的了不起。有好看的臉蛋，都帶著幾分好運，但更多的是用力耕耘的痕跡。

像我每天一定要卸妝、然後敷面膜、塗好乳液才去睡。上班日一定提早一個小時起床，化好妝才出門去。頭髮都固定上髮廊整理，洗完澡後必須用乳液擦拭身體，才有白皙的肌膚。固定做光療指甲、做臉，妳好看了，妳的世界才會好看。瘦下來真好！

附錄 1：減重見證篇

見證分享 1

分享人：雲林崙背鄉民代表 洪如萍

減重的方法千百種，細數回顧自己嘗試的經驗，嘴角都忍不住上揚了起來。

我想減肥，過往以來一直盲目尋求中醫、酵素、健康醋、雞尾酒療法………，到頭來不但沒有成功，反倒身體亮起嚴重的紅燈，不敢再奢望不切實際的減肥方法。

不愛運動且愛吃美食大餐，卻又希望有窈窕身材，想減肥又怕餓。一連串的理由，提前為失敗找藉口。以前從未想過，可以在尋求專業健康管理師的指導配合下，居然可以吃美食大餐搭配規律運動，讓身體慢慢恢復健康狀態，身體脂肪慢慢減少，健檢數據不再亮紅燈，減重過程的心情是愉悅沒有負擔的。

11 年前一昧追求名醫診所的減重方式，初始雞尾酒用藥成效非常顯著，雖然有每天情緒高亢、手

抖、無法安穩入眠等副作用，但確實三個月瘦了十公斤，身形明顯變瘦了，只是後來有天發現血尿狀況嚴重，立即住院檢查，才知免疫系統崩盤了、腎功能急速下降，醫師開立口服用藥一年多（癌症類固醇用藥可控制腫瘤、調整免疫系統），類固醇用藥的併發症就是血糖值升高，需長期服用血糖及血壓用藥，平穩腎臟功能。從此再也不敢奢想也不敢嘗試，口耳相傳或來路不明的減肥方式了。

前兩年，看見胃繞道手術成功的醫療案例，也經過評估諮詢方式想改善肥胖症狀，畢竟是侵入性醫療，腎臟科主治醫師並不贊成而打退堂鼓。

直到去年接觸到健康減重管理師，我也觀望好一陣子，印象中減重都經驗是痛苦的，深怕又影響到腎功能，遲遲不敢接受專業指導。直到心理調適準備好，與醫生溝通調整用藥狀況下，開始尋求健康減重管理師專業輔導，展開健康減重的新生活。

110/01/04 開始落實健康減重的新生活，飲食方式改變不大，只需改變烹煮方式、餐盤定量、加強飲水量、量體重、每天做記錄、走路散步……等等，減重方式非常生活化。定期回診檢查，檢測數據漸入佳境，第5個月血糖值血壓數據都正常化了，口服用藥都減少劑量，體重體脂減少了，體態漂亮了身體健康

狀況佳。

　　不要再奢想也不要再嘗試，口耳相傳或來路不明的減肥方式了。調整心態、尋求專業協助，健康減重一起健康享瘦人生吧！

▍見證分享 2
分享人：會計李小姐

　　減肥這兩個字看起來好像很簡單，但真的很難，在我的人生中一直不斷的上演，卻從來沒成功過。

　　某天滑到了一姐的臉書發現哇~~~一姐怎麼成功的，趕緊求助一姐如何可以藉由減醣來改變飲食？才發覺我之前雖然食量小，吃的東西不多，但都是一些熱量高，糖分、脂肪多的食物，以為只要吃少就可以瘦下來，結果都是錯誤而且重點是還吃不飽。

　　藉由一姐每天指導餐點的正確吃法及順序，既不用挨餓還可以每天一點一點的降體重，真的是好開心。當然外面的美食像小惡魔一樣也會誘惑著我，真的會忍不住就偷吃了，但一姐有提到沒有什麼食物是不能吃的，淺嘗即可，大餐過後輕食加運動，體重就會慢慢再瘦回來。

　　從減醣到現在 4 個多月了，我的體重也從 73 公

斤到現在的 59 公斤多，這個數字是我從國中後就沒有再出現了，感謝一姐讓我實現了這個願望，瘦下來之後整個體力精神都跟以前差很多，氣色也變好好，未來我會繼續秉持一姐的教導正確飲食，享瘦美好。

見證分享 3
分享人：幼教老師李老師

我是減醣新人，從 2020 年 6 月開始減醣，當時體重是 61~62 公斤，加上自己有胃食道逆流的症狀，看人家分享說吃減醣餐可以改變身體的狀況，也就從那時候開始，一開始也是上網觀察別人餐點，分享自己也試著那樣的方式，前 1~2 個月體重有掉。在臉書上也常看一姐的餐點分享，跟她自己親身體驗的分享，好幾次都想詢問她又不好意思問她，於是就鼓起勇氣的私賴了一姐。

就在 2020 年的 12 月中，一姐就跟我說，叫我每一餐吃的食物都要拍給她看，她會一一地告訴我什麼可以吃？什麼不能吃？就這樣一路下來，讓我的體重慢慢的往下掉。

有時候自己也會得意忘形控管不好自己的嘴巴，

就讓體重這樣上上下下的，一姐也是有耐心的指導與鼓勵，最重要的是越吃身體越健康。

實績：2020/12/21 60.2kg 至 今 2021/04/12 53kg 減了 7.2 公斤

見證分享 4
分享人：經商老闆娘林小姐

胖胖的身型已經有 15 年了，直到健康檢查報告滿江紅。讓我覺悟了，而好友一姐知道了就鼓勵我從日常飲食開始改善不需要再去多做什麼事，從吃把自己的健康找回來。飲食慢慢改進少油，少鹽，低醣，高蛋白飲食。漸漸地我遠離麵包，蛋糕，口味重的快炒店。剛開始很不適應但一姐從中一直教導一直磨合出適用於我的飲食方法，3 個月後的抽血報告出爐，奇蹟出現了報告的紅字少了一些。超開心的，血糖控制正常了！證明一姐的飲食計劃讓我重拾健康。這是用金錢買不到的，我要繼續努力的達標。還有其他附加價值身旁的朋友們都發現我身型變美了，老公也很開心說胖胖老婆變輕了讓他減少很大的負擔。

感謝一姐對我不放棄的心，連減重醫師看到了我都放棄了，但一姐努力的幫助我找回自己的健康，一

姐從不放棄任何人。

見證分享 5
分享人：保險主管黃小姐

我的減醣飲食不知不覺也堅持了五個月囉！總共減了 10 公斤，成效自己很滿意，滿長一段時間總是充滿藉口的不運動，但透過體重管理師的飲食建議（選擇對的食物及搭配吃的時間點）也是可以輕鬆減重且吃飽飽（偶爾吃大餐也妨……）

我最大的改變就是：

1)增加水的攝取量（我非常不愛喝水）、

2)從習慣喝拿鐵改成美式咖啡＋無糖豆漿、

3)澱粉的攝取時間調整成早餐＋午餐，晚上盡可能不吃澱粉、蛋白質和蔬菜的攝取量增加，可以吃到飽的程度。

4)當然最基本的油炸和含糖飲料及精緻澱粉不碰～

大致上我就掌握這些原則。

當然有時候體重也會因為吃了不適當的食物或攝取時間不對，起起伏伏，不過通常再調整飲食(輕食)

幾天，體重就會再往下掉了，重要的是要立下目標，認真執行體重管理師的建議，堅持下去就對了

見證分享 6

分享人：保險主管李小姐

減重，這件事好像從沒離開過我，想起來還真是一篇血淚史。

飲食控制在幾年前也實行了幾個月，只吃水煮青菜、水煮肉，成效當然是有的，但這樣的飲食真的太難持久，每到吃飯時間，吃不好又吃不飽，覺得好痛苦，結論就是更胖，而且是更胖。

認識一姐後，才知道原來減重也可以吃得這麼開心，一姐會根據每個人體質、生活習慣指導，並隨時提醒應注意的細節，更無私分享她的減醣食譜，讓餐點多變化才不會膩，吃健康又可以減重。

這段日子收穫最大的除了瘦下來變得更年輕，還改善長久以來便秘的問題，因為工作一忙就忘記喝水也不愛喝水，所以一姐最常跟我說的就是「水喝太少」，後來確實執行一姐提供的方法，我的水量從 500cc 增加到 2000cc，再配合每日至少 8000 步及 10 分鐘的核心運動，惱人的問題解決，每天就都神清氣

爽。

　　過程中，也會有想要爆醣的時侯，一姐也會指導進食的順序及份量，所以享受美食又不會造成負擔，家人常都笑說，妳確定真的在減重嗎？

　　所以，專業人士的輔導真的太重要了，因為有一姐，我吃得很順心。

　　昨天有學妹問到嘴饞的問題，剛好今天的早餐「稍稍邪惡點」，一姐也核准我的餐點，藉此機會跟大家分享近來的心得。

　　從減醣以來，很常聽到「這個妳可以吃？」「這樣妳吃得飽嗎？」其中家人最常說的是「怎麼減肥妳吃的還比我們好！」其實明明都是同一盤菜夾起來的，因為我喜歡把餐盤弄得很繽紛，這是我的樂趣，也很有成就感。

　　從 1/14 體重 65.8 到今天 56.8 共減了 9 公斤，有人問我辛苦嗎？個人認為要美麗要健康，付出一點代價是必須的，改變不好的飲食習慣，調整食材的攝取，要付出的代價就只是「控制自己的嘴巴」，況且還有一姐從旁協助，不用自己摸索，只要照著一姐指導的方向進行，一定會有績效。

　　或許是我的改變，家人感受到，前幾天老公突然說自己好像胖很多，我說「因為我瘦了，就更突顯出

妳是胖子的事實」，所以啦！老公也要開始調整自己的飲食習慣囉！從早餐開始，戒掉炒麵，蘿蔔糕，燒餅油條，飯糰……，相信他也會找到減醣的樂趣。

一姐常說：沒有不能吃的食物，是什麼時候吃？怎麼吃？吃的量？

今天的體重，今天的早餐，我很滿足。

附錄 2：減重 Q&A

Q. 一姐我明天下班要跟同事去吃鍋那有什麼要注意的？還是我今天中午吃過飯後就開始來進行斷食？

A. 鍋就是火鍋料換菜盤，不要點五花肉基本上都可以吃，想喝湯就先煮菜後先喝一碗，再煮肉，之後就不要再喝湯，白飯冬粉澱粉不要吃，可以加一顆雞蛋，怕妳晚上會餓，5 點過後再斷食，先把今天熱量補一些，中餐可以多些蛋白質 + 半碗飯，其餘都菜多一點。

Q. 已經三天體重好像都差不多？

A. 因為妳吃東西還不太對，慢慢妳就會知道怎麼吃，妳買了就要吃完，但我會糾正妳，慢慢的會改變，前一周是磨合期。

別著急慢慢來，慢慢改，不要一下子改變生活習慣太多，持之以恆最重要。

體重也是慢慢攀升，我們就慢慢降，ok 的啦！

Q. 我自己可以控制，先不要回報，經兩個月後，

為何我這兩個月體重沒再降，一直停留在兩個月之前？

A.因為妳只掌握大方向，我掌握包含食物的每個細節，這兩個月沒定量飲食，跟之前一樣追食，什麼時間點吃的食物不再區分，繼續跟進計畫回報吧！

Q.這幾天太冷了。肚子特別餓，該怎麼辦？

A煮一些熱湯來喝是沒問題的，例如：瘦肉青菜湯、蛋花湯、豆漿火鍋、魚肉湯……很多可以選擇的。

Q.冬天冷飲品可以喝什麼？

A.熱美式、泡熱茶（各式茶類紅茶、綠茶、伯爵茶）熱水、泡黑豆水決明子都是不錯的選擇。

Q.我的同事看到我只靠吃就瘦下來很心動，為何雖然我有跟她說大約要怎麼吃，好像效果沒有很好？

A.內行看門道，妳們只想說按著大方向而已，我還要看妳們體重和食物一些細節。

Q.一姐晚上和朋友去吃滷味、麻辣燙、鹹水雞要怎麼選擇呢？

A.請妳記得不要點泡麵、鍋燒麵、豬血糕、糯

米腸、水晶餃等這些澱粉含量高的食物，而炸豆皮、豆包、雞翅、雞屁股等食材，雖然有蛋白質但脂肪含量過高，也要避免，那外加鹹菜、和調味料就免了，真心想減重，一姐建議用胡椒鹽即可。麻辣湯很好喝但熱量更恐怖真的不能喝，鹽水雞建議吃的雞胸肉和青菜就好，其他外加醬汁和小菜能免則免。

生魚片也是一項很好的選擇，吃生魚片配的芥末沾醬熱量低，而且吃生魚片還可以補充大量健康脂肪酸。

Q.突然朋友約宵夜趴怎麼辦，不小心破戒了要如何恢復體重？

A. 雖然不建議吃宵夜，但久久一次沒關係，吃的原則就是蛋白質先吃，吃滷的食物，炸得食物能不碰就不碰。隔天就開始贖罪餐或者斷食即可。

減重者密一姐說求減重計劃

當時體重 73，經過 1 個月落實減重計劃，1/8 體重 69，整整少了 4 公斤。看著減重者為自己努力，成果一一呈現，每個人都跟我說〔一姐是她們的目標〕既開心又感動，每天都會問：有沒有吃飽？

減重者：吃很飽，食量怎麼變小了！

一姐：食物入口的順序稍微改變一下，有吃飽最要緊。

減重者：點心時間嘴饞怎麼辦？

一姐：吃水果，多補充纖維質剛好（也要選對水果）圖中以蘋果、棗子、櫻桃，為例，蘋果、棗子份量多卡路里降低，櫻桃份量少卡路里跟前者比就較高，都可以吃份量就要自己拿捏。

Q. 一姐運動完需要再補充蛋白質嗎？一姐從事哪些運動？

A. 走路 1 萬步，這只是在散步而已，不用額外的補充。

最近發現很可怕的一件事是，大多數人開始運動後，因為會覺得已經運動後可以吃更多了，都會有運動後的補償心理，反而食量會比沒運動前還大。

為了「肌增減脂」來運動，常常看到很多人運動後就補充能量，再追加食物，但他沒想到過，根本都超出運動消耗的量。

而且別忘了，就算妳運動後都沒吃，也是要兩個月才能減去一公斤。

Q.請問一姐每天運動就可以瘦嗎？

A.有些人管不住嘴，但拼命運動健身，卻發現瘦身效果不好。（除非是鐵人的運動選手），「3分練，7分吃」不改變不健康的飲食，熱量攝取沒有控制好，到一個階段頂多維持不變胖身材而已。

Q.一姐，減重是否只能吃水煮餐？

A.水煮是烹煮中熱量最低的，如果每天吃水煮餐，不僅味道貧乏長時間很難持續。但一姐研發無油餐，菜色可以多變化，不用再添加過多的油脂和調味料，利用食物本身的特性，減重餐不僅要好吃也要吃好，持續性才能持久。

Q.減重什麼食物不能吃？

A.其實減重期間什麼都可以吃，沒有什麼不能吃，只要調整好吃的份量和頻率，只要均衡飲食享瘦沒問題。

Q.一姐為何吃飯順序要從蛋白質→蔬菜→澱粉？

A.胃裡頭的消化酵素主要功能就是分解蛋白質，因此吃正餐時，先將蛋、肉、豆腐等吃進肚，不僅不會刺激大量的胃酸分泌，且能幫助蛋白質直接消化；

再吃進蔬菜類，以植物纖維包覆腸道，最後才吃澱粉，補充身體所需的熱量。

以便當舉例，先吃一顆蛋或肉，再吃菜配飯吃。

Q.一姐晚上想吃烤肉串要如何選擇？

A.①很想吃烤肉串？但烤肉串都是高油高熱量食物，只有像是里肌、去皮雞腿還有海鮮，脂肪含量才比較低。

②若一定嘴饞想吃烤肉串，那就少量並且多一些較清淡的例如蒸物或煮物，否則那些醃漬過且加了醬料的烤肉串，鹽分過量了。

Q.為什麼我的減重餐裡面沒有水煮餐？

A.因為我們生活習慣喜歡吃熱食，那一直吃冷食，妳會覺得哪一個部分欠缺了飽足感，尋求其他的東西來慰藉。

許多民眾多會認為只要少吃體重就會下降，但人體在飢餓當下，飢餓荷爾蒙會上升，增加吃東西慾望，雖然短時間內斷食或節食會看到稍微成效，但很容易不敵飢餓荷爾蒙，忍不了開始回到原先飲食，或是吃得更多，造成體重馬上上升，發生溜溜球效應。減重是一生的長期抗戰，飲食、運動、心理調整都要

完全融合生活中養成習慣，才能維持住減重成果，降低體重上升機會。

Q.是否空腹不宜先進食？

A. 一般我們會建議，吃東西前先喝一杯水暖暖胃，因為空腹吃東西會帶來不好影響，包括空腹吃高GI 食物，會帶來血糖快速上升，甚至讓自己更容易感到餓。但如果是新鮮水果就可以快速吸收。

此外，空腹若飲用咖啡會影響胃消化功能，甚至嚴重者會導致胃潰瘍，包括像是檸檬汁這類較酸性飲料，同樣不宜空腹飲用。更別說是碳酸飲料，就算非空腹喝也對身體不好，常喝會導致腸胃性疾病。

我的女神！

我的體管師您真的很強，比我的醫生還要強，醫師只會開藥給我吃，只會說什麼少吃就好。我就是管不住嘴巴所以才有如此的身材。

在這八個月的當中，我的體管師一直督促我鼓勵我，想盡辦法讓我吃得飽，又不挨餓的情況之下，糾正我的飲食習慣，沒有偏離我的飲食習慣太多，很奇怪的是我的口味竟然慢慢地改變了，不僅體重降了，獲得了健康。

上週抽血檢查，看到數據都正常了，真的好棒！只要吃三餐控制選擇食物真的很重要，把三高的藥都省掉了。

給自己一個享瘦的機會，找洪姍淑體管師
減重者重獲健康回饋

其實一姐的減重計劃指南，簡單了解執行面也符合邏輯（利用上班時間執行）他們輕易 enjoy 在每天的生活中落實計劃，透過一姐指導來學習的飲食法，對許多人來說他不但是簡單而去有效得多，也比較符合生活日常的習慣，給自己一個脫胎換骨享瘦變美的機會，跟著一姐享瘦去，let's go!

想瘦、享瘦、享受，
洪一姐體管師的享瘦指南：
瘦身不用餓肚子，低卡、無油餐搭配塑身行動方案，
幸福美麗伴妳一生。

作　者／洪姍淑

美術編輯／了凡製書坊
責任編輯／twohorses
企畫選書人／賈俊國

總 編 輯／賈俊國
副總編輯／蘇士尹
編　　輯／高懿萩
行銷企畫／張莉滎　蕭羽猜　黃欣

發 行 人／何飛鵬
法律顧問／元禾法律事務所王子文律師
出　　版／布克文化出版事業部
　　　　　台北市中山區民生東路二段 141 號 8 樓
　　　　　電話：(02)2500-7008 傳真：(02)2502-7676
　　　　　Email：sbooker.service@cite.com.tw
發　　行／英屬蓋曼群島商家庭傳媒股份有限公司城邦分公司
　　　　　台北市中山區民生東路二段 141 號 2 樓
　　　　　書虫客服服務專線：(02)2500-7718；2500-7719
　　　　　24 小時傳真專線：(02)2500-1990；2500-1991
　　　　　劃撥帳號：19863813；戶名：書虫股份有限公司
　　　　　讀者服務信箱：service@readingclub.com.tw
香港發行所／城邦（香港）出版集團有限公司
　　　　　香港灣仔駱克道 193 號東超商業中心 1 樓
　　　　　電話：+852-2508-6231　　傳真：+852-2578-9337
　　　　　Email：hkcite@biznetvigator.com
馬新發行所／城邦（馬新）出版集團 Cité (M) Sdn. Bhd.
　　　　　41, Jalan Radin Anum, Bandar Baru Sri Petaling,
　　　　　57000 Kuala Lumpur, Malaysia
　　　　　電話：+603- 9057-8822　　傳真：+603- 9057-6622
　　　　　Email：cite@cite.com.my
印　　刷／韋懋實業有限公司
初　　版／2022 年 1 月
定　　價／300 元
ＩＳＢＮ／978-986-0796-76-6
ＥＩＳＢＮ／9789860796797 (EPUB)